历史建筑修复技术系列教材

历史建筑保护及修复概论

苑　娜　编

中国建筑工业出版社

图书在版编目（CIP）数据

历史建筑保护及修复概论/苑娜编. —北京：中国建筑
工业出版社，2017.1（2024.7重印）
（历史建筑修复技术系列教材）
ISBN 978-7-112-20260-7

Ⅰ.①历… Ⅱ.①苑… Ⅲ.①古建筑-保护-教材②
古建筑-修复-教材 Ⅳ.①TU-87

中国版本图书馆 CIP 数据核字（2017）第 006227 号

本书全面、系统地阐述了历史建筑保护与修复的相关概念、国内外
理论发展、主要的保护文件及组织机构以及历史建筑保护与再利用的理
论基础、实践过程及典型案例。全书共六章，内容包括：绪论，历史建
筑保护和修复的发展历程，历史建筑保护的文件及组织机构，历史建筑
保护与再利用，历史建筑保护和修复的全过程，历史建筑保护修复的实
例分析。

责任编辑：王 鹏 国旭文 魏 枫
　　　　　齐庆梅 王 跃
责任设计：李志立
责任校对：王宇枢 焦 乐

历史建筑修复技术系列教材
历史建筑保护及修复概论
苑 娜 编
*
中国建筑工业出版社出版、发行（北京海淀三里河路 9 号）
各地新华书店、建筑书店经销
北京鸿文瀚海文化传媒有限公司制版
建工社（河北）印刷有限公司印刷
*
开本：787×1092 毫米　1/16　印张：10¾　字数：271 千字
2017 年 8 月第一版　　2024 年 7 月第五次印刷
定价：26.00 元
ISBN 978-7-112-20260-7
（29714）

前　　言

　　历史建筑是人类文化的载体，是人类智慧的结晶，是民族历史的缩影，是民族精神的象征，做好历史建筑的保护与修复，对于人类文明的进步与发展具有重要意义。近年来，国内外越来越重视历史建筑的保护与修复，相关理论越来越成熟，相关项目越来越多样。但是，系统介绍历史建筑保护与修复的理论与实践的专业书籍并不多，应用于专业教育的相关教材更是少之又少。本书全面、系统地阐述了历史建筑保护与修复的相关概念、国内外理论的发展，主要的保护文件及组织机构以及历史建筑保护与再利用的理论基础、实践过程及典型案例。

　　在历史建筑保护领域，古与今，国内与国外，用到的专业名词很多，古物、古迹、遗址、文物、古建筑、文物建筑、历史建筑、遗产、文化遗产、建筑遗产、历史文化街区、历史文化名城等等；在进行保护和修复时，具体的技术措施又有保存、加固、维护、维修、修复、复制、重建、迁移、再利用等等。本书第 1 章绪论对这些概念进行了解释和区分，并概括了历史建筑保护与修复的原则。

　　对历史建筑的有意识的保护源自西方，人们维修那些古老的建筑，主要是为了保护其使用价值或保护其特定的宗教象征意义，这种观念一直维持到 14 世纪以后。到文艺复兴晚期，人们开始关注老建筑的艺术价值，从 18 世纪 60 年代开始，欧洲的建筑创作陆续出现了复古思潮，但是真正出现接近今天意义上的保护是 19 世纪以后。在文物工作的修复中，欧洲的文物建筑保护逐步形成了法国派、英国派、意大利派等不同的保护观念，它们之间既互相否定又互相借鉴、融合，最后逐渐形成了以意大利为代表的、以强调文物建筑历史价值为特征的文物建筑保护观念。我国古代保护建筑的行为，主要是民间的一种自发行为，这种保护是出于延续建筑的使用寿命，并且，古人并不视实质存在的建筑物为证明历史的必需，反而是逐代相传的文字与口碑更能证明他们需要的那些历史。由于西方保护观念和理论的传入，我国在民国时期才有了自觉的文物建筑保护行为。起步较晚，再加上我国社会、经济发展水平所限以及文化传统方面的差异，对文化遗产的保护观念及力度都远远不及西方发达国家。近年来通过各方面的努力，我国在历史建筑保护方面还是取得了一定的发展，与国际上的学术交流与合作也日益频繁。本书第 2 章重点介绍了国内外历史建筑保护与修复的发展历程和差异比较。

　　在历史建筑保护过程中，西方国家成立了国际博物馆管理局、国际现代建筑协会、国际古迹遗址理事会、国际文物工作者理事会等历史建筑保护的组织和机构，并先后诞生了《雅典宪章》、《威尼斯宪章》、《世界遗产保护公约》、《佛罗伦萨宪章》、《奈良文件》等一系列约束和促进国际保护运动的纲领性文件。我国于 1982 年颁布《中华人民共和国文物保护法》，形成了我国文物保护的基本法，之后又颁布了《历史文化名城保护规划规范》（2005 年）、《城市紫线管理办法》（2004 年）、《历史文化名城名镇名村保护条例》（2008年）等相关法律法规。本书第 3 章就总结概括了国内外主要的保护文件及组织机构。

随着保护的成熟与发展，博物馆式的保护方法已不能解决所有问题，一座仅锁定在某一历史时期的建筑是终结了"历史"的建筑。实际上绝大多数历史建筑既不可能也不应该维持原封不动的状态，有"延"有"续"才是健康的历史建筑保护和再生观，历史建筑的保护与再利用便成为历史建筑保护中不可或缺的课题。本书第4章便介绍了历史建筑保护与再利用的理论依据、模式及方法。

历史建筑保护与修复是一个涉及多学科、多领域的巨大的系统工程，着手一个历史建筑项目时，需要经历哪些阶段，每个阶段的具体任务是什么？本书第5章结合实例详细介绍了历史建筑保护和修复全过程的四个阶段的工作任务。

第6章则是在前面理论介绍的基础上重点分析了几例国内外典型案例。

本书是历史建筑修复技术系列教材之一，除满足专业核心课程教学需求之外，也可作为历史建筑保护与修复领域专业技术人员及历史建筑学习爱好者阅读参考。本书的编写得到了本人所在单位天津国土资源和房屋职业学院以及天津市国土资源和房屋管理局、天津市历史风貌建筑整理有限公司、中国建筑工业出版社的大力支持，在此表示诚挚的感谢。特别感谢李巍女士、王钊院长、路红局长及最敬重的导师舒平教授帮忙审稿。

本书编写时间较紧，同时编者才疏学浅，难免存在不足之处，还恳请广大专家、读者予以批评指正。

目　　录

第1章 绪 论

【学习要求】

通过本章学习，了解遗产的概念，熟悉文化遗产、建筑遗产的概念和区别，了解遗产保护体制及中国文化遗产体系；了解历史建筑的概念，掌握历史建筑的价值；了解保护和修复的概念，熟悉保护的干预层级，掌握保护和修复的原则；了解历史文化街区和历史文化名城的相关知识。

【知识延伸】

了解历史风貌建筑的概念。

1.1 遗 产

1.1.1 遗产的概念

（1）遗产

"遗产"一词在我国文献中始见于《后汉书·郭丹传》"家无遗产，子孙困匮"，至宣统年初，都指祖先遗留的物质财产。时至今日，其不断演变和拓展，内涵和外延早已超出了本义。我们应该把它理解为历史的证据，它是当今社会对历史的继承和传递，是联系过去、现在和未来的纽带。

国际古迹遗址理事会（ICOMOS）大会于1999年10月在墨西哥通过了《国际文化旅游宪章》，该宪章中定义遗产为一个宽泛的概念，包括自然的和文化的环境，也包括景观、历史场所、遗址和建成环境，还有生物多样性、收藏品、过去以及正在进行的文化实践、知识和生活经历。它记录并表现历史发展的漫长过程，形成不同民族、宗教、本土和地区特性的要素，并且是构成现代生活不可或缺的一部分。

（2）文化遗产

在遗产保护领域，遗产包括文化遗产和自然遗产，文化遗产是人类文明进程中各种创造活动的遗留物，是历史的证据。文化遗产根据遗产的物质属性不同分为"物质文化遗产"和"非物质文化遗产"两个基本类型。而根据文化遗产的空间属性不同分为"可移动文化遗产"和"不可移动文化遗产"两个基本类型。自然遗产是指自然界在进化和演替过程中形成的地质地貌、生物群落与物种，以及生态景观。

联合国教科文组织于1972年10月17日～11月21日在巴黎举行的第十七届会议，订立了《保护世界文化和自然遗产公约》，在公约中，把以下各项定义为"文化遗产"：

① 从历史、艺术或科学角度看，具有突出的普遍价值的建筑物、碑雕和碑画，具有考古性质成分或结构、铭文、窟洞以及联合体；

② 从历史、艺术或科学角度看，在建筑式样、分布均匀或与环境景色结合方面具有突出的普遍价值的单立或连接的建筑群；

③ 从历史、审美、人种学或人类学角度看，具有突出的普遍价值的人类工程或自然与人联合工程以及考古遗址等地方。

《保护世界文化和自然遗产公约》所定义的"文化遗产"内容大体相当于我国 2002 年《文物保护法》所指"古文化遗址、古墓葬、古建筑、石窟寺、石刻、壁画、近代现代重要史迹和代表性建筑等不可移动文物"。

2005 年国务院发布《关于加强文化遗产保护的通知》，阐明"文化遗产"包括"物质文化遗产和非物质文化遗产"。"物质文化遗产"的概念综合了《文物保护法》内容，包括"不可移动文物"一类中"古遗址、古墓葬、古建筑、石窟寺、石刻、壁画、近代现代重要史迹及代表性建筑等"，以及"在建筑式样、分布均匀或与环境景色结合方面具有突出普遍价值的历史文化名城（街区、村镇）"。人们通常在使用时也会将"文化遗产"作为一个整体的概念，即《关于加强文化遗产保护的通知》所指之"物质文化遗产"，综合概括可移动文物与不可移动文物。

（3）建筑遗产

随着"遗产"的概念被普遍接受和使用，人们也逐渐熟悉和习惯使用"建筑遗产"（architectural heritage）这一词语，或称为"建筑文化遗产"。

建筑遗产无疑属于文化遗产，是文化遗产中的一种类型，是物质的、不可移动的文化遗产。根据文化遗产的定义，建筑遗产就是人类文明进程中各种营造活动所创造的一切实物。具体地说，包括各种建筑物、构筑物，以及城市、村镇，以及与它们相关的环境。建筑遗产的基本属性，是有形的、不可移动的、物质性的实体。即使这个实体并非完整无缺，发生了各种情况、各种程度的损毁，也不影响其有形的、不可移动的、物质的属性。

1975 年是由欧洲理事会发起的"欧洲建筑遗产年"，欧洲议会通过了《建筑遗产欧洲宪章》。根据宪章，建筑遗产不仅包含最重要的纪念性建筑，还包括那些位于古镇和特色村落中的次要建筑群及其自然环境和人工环境。建筑遗产中所包含的历史，为形成稳定、完整的生活提供了一种不可或缺的环境品质。作为人类记忆不可或缺的组成部分，建筑遗产应以其原真的状态和尽可能多的类型传递给后代。否则，人类意识自身的延续性将被破坏。建筑遗产是一种具有精神、文化、社会和经济价值的不可替代的资本。

在我国，大概从 20 世纪 90 年代开始，随着我国与国际遗产界交流的增多和世界遗产各方面工作的展开，"遗产"概念与文物的关系及其在物质层面的意义逐渐被了解、被重视。各种学术论文、著作逐渐开始普遍地使用"遗产"概念，媒体也随之使用。但是长期以来对"文物"概念的使用习惯阻碍了"遗产"概念进入我国的法律文件，以《中华人民共和国文物保护法》为核心的文化遗产法律体系都使用的是"文物"一词，在实际的管理中自然也是，文物保护单位、文物部门、文物事业等名称早就被接受成为默认用法。所以，在我们的遗产保护领域，"遗产"概念是隐含在"文物"概念之下的。但是就内涵、外延的包容性与广度而言，"遗产"概念是大于"文物"概念的。

中国的建筑遗产大致可分为三大部分：

① 以官式建筑为主的古典建筑遗产；

② 分布于各个地域的风土建筑遗产；

③ 西方建筑影响下的近现代建筑遗产。

随着时代的变迁，第一部分建筑遗产所产生的历史功用多已改变，因而大多已成为标本式的死"遗产"。而第二和第三部分建筑遗产，却因生活形态的存留或对现代功能的适应，大多仍是旧体新用的"活"遗产。

同时也应看到，一座仅锁定在某一历史时期的城市是终结了"历史"的城市，或者说是一座巨大的城市博物馆，如威尼斯城和平遥古城，是专供旅游观光的。那是一种标本，一种特例，实际上绝大多数城市既不可能也不应该维持原封不动的状态，有"延"有"续"才是健康的城市保护和再生观。

1.1.2 遗产保护体制

目前就世界范围而言，为各国所采用的遗产保护体制基本上有三种类型：一是指定制，二是登录制，三是指定制和登录制的并用。

（1）指定制

指定制是由政府专门的遗产保护机构或部门，根据国家制定的遗产评定原则或标准，选定符合条件的各类物质或非物质遗产，并同时确定保护级别。被指定的遗产由国家相关部门负责管理和实施保护，由国家提供维护和修缮所需的经费及其他资源条件。

我国实行的就是指定制。认定的标准和办法是由国务院文物行政部门制定、并经国务院批准的。《中华人民共和国文物保护法》（2002 年修订）"第一章　总则"的第二条说明了文物认定的标准：

① "具有历史、艺术、科学价值的古文化遗址、古墓葬、古建筑、石窟寺和石刻、壁画"；

② "与重大历史事件、革命运动或者著名人物有关的以及具有重要纪念意义、教育意义或者史料价值的近现代重要史迹、实物、代表性建筑"；

③ "历史上各时代珍贵的艺术品、工艺美术品"；

④ "历史上各时代重要的文献资料以及具有历史、艺术、科学价值的手稿和图书资料等"；

⑤ "反映历史上各时代、各民族社会制度、社会生产、社会生活的代表性实物"。

符合上述标准的就可成为文物。

（2）登录制

登录制是由遗产的所有者提出申请，经过政府有关部门的调查、评定，达到国家制定的遗产标准即可登录成为遗产，受到国家的保护，同时根据登录标准划分保护级别。登录遗产的所有者要依据国家的保护法律、法规对拥有的登录遗产进行日常性的管理和维护，以及周期性的、必要的修缮。国家对于登录遗产实施各项优惠政策，对其所有者进行的管理、维护及修缮等保护工作给予技术上、经济上的指导与支援。登录制度主要适用于建筑遗产这类不可移动文化遗产的保护。

英国是实行登录制度比较早且比较典型的国家。

英国的文物建筑登录制度创始于 1944 年的《城乡规划条例》，第一批文物建筑的登录工作也从这一年开始。

文物建筑登录的评定标准是由英国文物建筑委员会拟定的。首先是以建造时间作为评定的基本条件：

①　建于 1700 年以前，且保持原状的；

②　建于 1700～1840 年间的大部分建筑，经过选择的；

③　建于 1840～1914 年间的建筑，除属于某建筑群的以外，有一定质量和特点的，或是重要建筑师的代表作；

④　1914～1939 年间、经过挑选的建筑。

在满足建造时间这个基本前提下，再根据具体的内容进行评定：

①　说明社会史和经济史的建筑类型（包括工业遗址建筑、火车站、学校、医院、剧场、市政厅、交易所、济贫院、监狱等）中有特殊价值的；

②　显示技术进步、技术完善的建筑物，例如铸铁建筑、早期混凝土建筑、预制建筑等；

③　与重要历史人物、事件有关的建筑物；

④　有建筑群意义的建筑物。

以上这些评定内容符合一项者即可成为登录文物建筑。其类型包括建筑物、构筑物和其他环境构件。

登录文物建筑划分为三个保护等级：第 I 级——具有极重要的价值，绝对不能拆毁；第 II 级——具有极高的价值，除非特别情况不能拆毁；第 III 级——具有群体价值，没有真正特殊的建筑或历史价值。1970 年调整了保护等级，第 I 级保持不变，选择第 II 级中的重要文物建筑改为第 II * 级，其余的第 II 级文物建筑和绝大部分的第 III 级文物建筑划入第 II 级，原来的第 III 级取消。原来的保护要求不变。第 I 级、第 II * 级文物建筑由中央政府统一管理，第 II 级文物建筑由建筑所在地的地方政府管理。

登录工作的程序是先由文物建筑专家对申请登录的建筑物进行实地调查和评估，将符合登录标准的文物建筑列入预备名录公开发表，以听取社会各方，包括地方政府、各保护团体、有关人士及公众的意见。若没有反对意见，就可以由国家遗产部（Department of National Heritage）进行正式的认定，成为登录文物建筑。这一最终结果将以书面文件形式通知该文物建筑所在的地方政府，然后通知文物建筑的所有者。

由登录文物建筑的保护级别与保护要求的规定，我们可以看出对于登录的文物建筑，英国政府是允许对其进行改动，甚至拆除的。这些针对文物建筑的改动（包括改建、扩建，外观及内部装修的改变等）或拆除，必须事先获得规划部门的批准。因为文物建筑的登录制度是城市规划体系中一个重要的组成部分，是纳入在城市规划体系之中运作生效的。登录文物建筑的所有者在对拥有的文物建筑进行任何的改动前都必须获得规划部门的"规划许可"的规定，就是为了控制登录文物建筑的所有者对文物建筑随意进行改动，防止因改动可能会造成的对文物建筑的不利影响或破坏。规划部门将登录建筑的所有者申请的具体改动内容公之于众，听取各有关人士、机构和当地居民的意见，以此作为批准与否的参考依据。同时，还要征询地方保护官员的意见。最后的决定是综合考虑申请改动的登录文物建筑的保护等级、改动的具体内容与程度、改动会造成的最终结果（包括改动对周围环境的影响）等多方面因素而得出的。

美国实行的也是登录制度。

美国的登录文物是指对于地方、州或国家具有历史、建筑、考古、文化意义的历史场所（historic places），包括地区（districts）、遗址（sites）、建筑物（buildings）、构筑物

（structures）及物件（objects）五种类型。其登录的前提条件是具有 50 年以上历史，然后符合下列标准之一者可成为国家的登录文物：

①与重大的历史事件有关联；或与历史上的杰出人物有关联；或体现某一类型、某一时期的独特个性的作品。

②大师的代表作。

③具有较高艺术价值的作品。

④具有群体价值的一般作品；或能够提供史前的、历史上的重要信息。

美国的遗产保护是地方性的，联邦政府只对那些依靠中央投资或者需要联邦政府发给执照的保护项目有权干预，其他均由地方政府自行管理。政府对登录遗产不提供直接的资金援助，只通过税收上的种种优惠待遇体现其特殊身份。政府对登录遗产的所有者对其进行的改动不作严格的管理和控制。虽然直接作用于登录遗产本身的政府保护行为似乎很少、很简化，但是政府的保护作用从其他的方面表现出来。比如联邦政府及州政府对于公共工程，如大型的开发项目、城市更新、高速公路建设等可能会对相关的遗产产生的不良影响控制、管理得比较严格、慎重，如果确认有不良影响，工程会被要求停止，或者经过相关的各社会团体以及保护协会、遗产所有者等利益各方协商提出能够消除该不良影响的补救方案，或者提出使不良影响保持在最低程度的可行方案后才可继续进行。

就整个国家来说美国实行的是登录制度，在不同的地区，地方政府也常常根据本州、本市镇的具体的遗产状况制定地方性的遗产保护体制。比如纽约市，就根据其历史保护条例指定了一大批历史建筑及构筑物为遗产，包括地标性的单体建筑、由建筑物及构筑物群组成的历史性地区、历史景观等。通过这种以政府为主体的认定，使这些历史场所得以在现代都市中更好地保存。

英国、美国等国家实行登录制度是有其现实的原因的，其中之一是国家强调对个人财产的尊重和保护，宪法中规定了私有财产权不可侵犯，有关遗产保护的法律、法规自然大不过宪法。所以只有经由所有者提出、征得所有者同意，国家才能够将其个人所有的建筑物确定为遗产。登录制度的这一基本特点在保护实践中往往就成了它的弱点，因为会有人从个人角度、个人原因出发（如登录为遗产后私人利益受损，或者要接受政府有关部门的管理和监督，麻烦、不自由等）拒绝将自己的私产登录为遗产，或者为避免登录而对私有的、可能成为遗产的建筑物进行改造甚至拆除。要解决登录制度自身存在的这种实际问题，只加强法律的保障是不够的，还需要进一步完善登录制度本身，使政府的管理和控制措施更为严密有效。当然，最重要的是通过政府的积极引导、教育和鼓励，得到公众更为广泛、自觉的支持和配合。

（3）指定制与登录制

指定制与登录制在具体操作方式、达成的结果等诸方面有着各自不同的特点。指定制是以国家的力量和能力去实施保护，被认定的遗产能够在资金、技术、管理等多个方面得到政府与专业保护机构的良好支持与指导，能够保持比较理想的保护状态。但是相对于需要得到保护的遗产的整体而言，政府和专业保护机构能够投入的财力、人力总是有限的，把散布在各处的、全部的现存遗产都纳入到国家保护范围之内的难度很大。而登录制所具有的特点——公众认知、公众参与和专业评估、认定相结合的遗产选定方式，政府和专业保护机构进行宏观控制、管理和指导与遗产所有者自主实行的具体保护行为共同构成的灵活的保护操作方法，恰好能够弥补指定制度在遗产保护的全面性、广泛性方面的不足。而从登录制度的本质上来说，它体现的正是保护方法的多样化。

登录制的最大优势在于能够尽可能大范围地保护遗产，能够广泛地深入到社会生活的各个层次上，通过登录过程中的提名、选择、评价等一系列步骤、程序，唤起公众对遗产保护的关注和兴趣，使人们意识到遗产保护与自身生活之间存在的种种联系或利害关系，从而激发和促使公众参与到遗产保护的实践活动当中。同时，这种广泛性和公众基础也赋予了遗产保护工作丰富、多样的地域特点。因为不同的地域，其历史、传统、文化的差异性使得保护工作的具体内容、保护手段的实施方式、保护技术以及遗产保护与社会生活的密切程度等诸多方面呈现出多样性和丰富性。

登录制度适用于对建筑遗产的保护，对于数量可观、分布广泛、具有实用功能、存在状态复杂、与现实生活关系最为密切的建筑遗产特别能够表现出它的优势。

登录制度能够实行，需要调动和依靠社会各方面的力量。而公众的遗产意识和价值取向是登录制度的基础，没有社会对于遗产保护的普遍关注和价值观上的认同，登录制度是难以实行的。政府关于登录制度的完备的法规政策，对于登录遗产的行为的鼓励、褒扬，对登录遗产及所有者给予的资助及各种优惠政策是登录制度得以实行的保障。

相对于指定制度而言，登录制度的意义不仅在于能够更大范围地保护遗产，更重要的是能够广泛地唤起公众的保护意识，因为公众的保护意识对于遗产保护事业的良性发展是至关重要的，只有政府有关部门和少数专业人士从事的保护事业是不能更多、更全面、更好地保护遗产的。

（4）指定制＋登录制

指定制与登录制相结合的双轨制是以指定制为主体，以登录制为补充的遗产保护体制。其特点在于综合了两种保护体制的优势，既有专业保护部门实施的"点"的保护，又有以公众参与为基础的"面"的保护。

目前采用双轨制的国家有法国和日本。

法国是世界范围内最早制定保护建筑遗产法律的国家之一，1887 年即出台了《建筑保护规则》，1913 年《历史纪念物法》的颁布实行为以后的各项保护法规、政策的制定确立了框架和基础。双轨制也就以立法的形式很早被确定下来。双轨制在法国的建筑遗产保护中，既是并行的两种保护方式，同时也是保护、管理的两个层次——一是被列为建筑保护单位的建筑（CHM），二是登录到建筑遗产清单上注册备案的建筑（ISMH）。法国的建筑遗产即由列级的和登录的两类建筑组成。列级的建筑遗产是在登录的建筑遗产中经过再次选择确定的。这两个层次的建筑遗产都同样必须依照、遵循国家制定的各项保护政策与法规、条例，对它们进行任何改变都要受到政府保护部门的严格控制。

日本一直实行的是文化财的指定制度，1990 年开始导入登录制度。1950 年《文化财保护法》是日本第一部全面的关于遗产保护的国家法律，该法确立了文化财指定、保护与管理、利用的一整套制度。

《文化财保护法》规定的国家指定文物的类型及指定标准分别为：

① 有形文物，即在历史上或艺术上价值很高的东西，包括建筑物，美术工艺品——绘画、雕刻、工艺品、书籍、古文献、考古资料、历史资料等。其中特别重要的指定为"重要文物"，重要文物中特别优秀的、具有突出代表意义的精品被指定为"国宝"。

② 无形文物，包括戏剧、音乐、传统工艺技术等。其中特别重要的指定为"重要无形文物"。

③ 民俗文物，包括无形的生活方式、风俗习惯、传统职业、信仰及有形的各种生活器具、服装。其中特别重要的指定为"重要无形民俗文物"及"重要有形民俗文物"。

④ 纪念物，包括三种类型，一是历史上或艺术上价值很高的遗址——贝冢、古坟、都城、旧宅，二是艺术上或观赏方面价值很高的名胜——庭园、桥梁、峡谷、山岳……三是学术价值很高的动物（包括生息地、繁殖地及迁徙地）、植物（包括原生地）、地质矿物（包括产生特异自然现象的土地）。其中特别重要的分别指定为"特别史迹"、"特别名胜"、"特别天然纪念物"。

⑤ 传统建筑物群，即和周围环境一体、形成历史风貌的、具有很高价值的建筑物群。在 1975 年《文化财保护法》修改之前，日本的文物保护只限于单体建筑，建筑群以及由建筑物构成的街道则不在保护范围内，修改之后才建立了传统建筑物群保存地区的制度。其保护层次也分为两个，"传统建筑物群保存地区"和"重要传统建筑物群保存地区"。

指定文物制度体现的是一种从国家的角度出发，进行重点保护、精品保护的文物保护策略和思路。这样的保护策略一方面使指定文物因国家提供的充分的资金与技术支持而得到精心的、良好的保护和管理，另一方面使相当数量的、价值不如指定文物突出和重要的文物建筑处在缺乏保护、缺乏管理的状态，在城市更新和新的开发建设中面临改造、拆除、破坏等各种情况。在这种状况下，登录制度被引入，作为指定制度的补充和完善。登录的对象是有形文物中的建筑物，条件为建成 50 年以上者，满足下列标准之一即可成为登录文物：

① 有助于国土的历史景观；

② 成为造型艺术的典范；

③ 不易再现。

登录制度不强调某个特定方面的价值或重要性，只要从整体来看有价值就可以了。登录建筑的所有者同样要依据《文化财保护法》及有关法令对登录文物进行日常管理之外的周期性的必要的修缮，由文化厅提供适当的技术指导。

1.1.3 中国文化遗产体系

中华人民共和国文化遗产保护行政机关主要由国家文物局管辖。国家文物局执行文化遗产的指定保存、对文化遗产海外流出管制等业务，直属组织包括故宫博物院、中国历史博物馆、中国革命博物馆等。关于文化遗产保护制度的《文物保护法》规定史迹采取指定的方式，指定的种类有文物保护单位、历史文化名城、历史文化名镇、历史文化名村、风景名胜区等等。关于文物保护单位，分为国家级、省自治区直辖市、市县三级。关于区域历史文化遗产的保护，形成了一个由小到大的体系：单体的文物建筑保护、历史街区保护、历史文化名城保护，对应体系形成了三大项历史文化遗产保护工作（图 1-1）。

（1）文物古建——文物保护单位

文物保护单位是对确定纳入保护对象的不可移动文物的统称，指具有历史、艺术、科学价值的古文化遗址、古墓葬、古建筑、石窟寺和石刻。文物保护单位分为三级，即全国重点文物保护单位、省级文物保护单位和市县级文物保护单位。文物保护单位根据其级别分别由中华人民共和国国务院、省级政府、市县级政府划定保护范围，设立文物保护标志

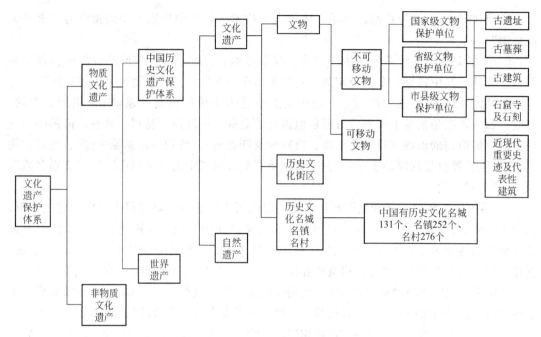

图 1-1 中国文化遗产体系

及说明，建立记录档案，并区别情况分别设置专门机构或者专人负责管理。

（2）历史街区——历史文化保护区

1986 年国务院批转建设部、文化部《关于请公布第二批国家历史文化名城名单报告的通知》中提出，对于一些文物古迹比较集中，或能较完整地体现某一历史时期的传统风貌和民族地方特色的街区、建筑群、小镇、村寨等，可根据其历史、科学、艺术价值，公布为"历史文化保护区"。《历史文化名城名镇名村保护条例》中指出历史街区保护原则应以历史的真实性、风貌的完整性、生活的延续性为重点。

（3）历史古城——历史文化名城

历史文化名城是指保存文物特别丰富，具有重大历史文化价值和革命意义的城市。《历史文化名城名镇名村保护条例》中提出了申报国家历史文化名城的五项条件：保存文物特别丰富；历史建筑集中成片；保留着传统格局和历史风貌；历史上曾经作为政治、经济、文化、交通中心或者军事要地，或者发生过重要历史事件，或者其传统产业、历史上建设的重大工程对本地区的发展产生过重要影响，或者能够集中反映本地区建筑的文化特色、民族特色。

1.2 历 史 建 筑

1.2.1 历史建筑的概念

1.2.1.1 历史建筑相关概念

（1）文物

文物是我国对于历史上遗留下的物质文化遗产长期使用的统称。20 世纪 20～30 年代出现现代意义的文物工作之后，各项保护法规、指导性文件、管理体系、调查维护工作等都建立在"文物"概念的基础之上。更常见与今日相同之"文物"一词使用含义，如"文物古迹"、"古代文物"。1928年张继呈请中央保存故宫博物院："一代文化，每有一代之背景，背景之遗留，除文字以外，皆寄于残余文物中。大者至于建筑，小者至于陈设，虽一物之微，莫不足供援人研究之价值"。这是表达了"文物"所蕴含"文化"之意。民国政府在实际使用中，也以"文物"一词表示历史建筑的概念。1934年11月，北平市政府制定"文物整理计划"，1935年1月，成立隶属于行政院驻平政务整理委员会的旧都文物整理委员会和北平市文物整理实施事务处。其主要修缮对象为明长陵、内外城垣、城内各牌楼、西安门、地安门、钟楼、天坛、香山碧云寺、故宫等历史建筑。

第五届全国人民代表大会常务委员会第二十五次会议于1982年11月19日通过并施行《中华人民共和国文物保护法》，并于1991年6月29日、2002年10月28日、2007年12月29日及2013年6月29日进行修订。按照"遗产"的定义，"文物"无疑是对应于"文化遗产"概念的。并在2002年修订时参考国际通行的"文化遗产"概念将文物分为"可移动文物"和"不可移动文物"两种基本类型，替换了颁布时的"文物"和"文物保护单位"两个概念。《文物保护法》中明确不可移动文物包括：具有历史、艺术、科学价值的古文化遗址、古墓葬、古建筑、石窟寺和石刻、壁画；与重大历史事件、革命运动或者著名人物有关的以及具有重要纪念意义、教育意义或者史料价值的近现代重要史迹、实物、代表性建筑。根据它们的历史、艺术、科学价值，可以分别确定为全国重点文物保护单位，省级文物保护单位，市、县级文物保护单位。

(2) 古物

"古物"概念以"古制作物"界定，有时在使用上类同于现在意义上的"文物"。20世纪初，"古物"一词以历年颁布的法规条例及机构名称设置所见居多。

1912年修正教育部官制，社会教育司掌管"调查及搜集古物事项"。

1916年国民政府颁布《保存古物暂行办法》，同年内务部施行古物调查，在古物调查表说明书中分古物为十二类："建筑类，遗迹类，碑碣类，金石类，陶器类，植物类，文献类（古代书帖、图画及一切古文玩之属），武装类，服饰类，雕刻类、礼器类、杂物类"。"古物"一词已作为自然与文化遗产的概括，并涉及建筑遗产。

1928年设立大学院古物保管委员会。

1930年国民政府颁布《古物保存法》。这是民国时期制定、公布和实施的法规层级最高、内容比较全面的保护古物的重要法规。保存对象指"与考古学、历史学、古生物学及其他文化有关之一切古物"，定义较为宽泛和抽象。应包括了现在所理解的可移动文物与不可移动文物。

1934年设立行政院中央古物保管委员会。

1945年，面向社会进行战时文物损失登记，将"一切具有历史艺术价值之建筑、器物、图书、美术等品"均包括在内。

可见，20世纪初期，古物指与考古学、历史学、古生物学及其他文化有关之一切古物，包括天然物和人造物，能表示可移动文物与不可移动文物。现今，古物的概念有所缩小，通常用来表示可移动的古代器物。

（3）古迹

19 世纪末，罗马定义"古迹"（monument）为："任何建筑物，无论是公共财产或私有财产，无论始建于任何时代，或者任何遗址，只要它具有明显的重要艺术特征，或存储了重要的历史信息，就属于古迹范围。即便是建筑物的某个部分，无论它是可以移动或不可移动的，或者是某些碎片，只要它具备上述特征，同样属于古迹的范畴"。

1964 年国际古迹遗址理事会（ICOMOS）大会上通过的《威尼斯宪章》，对历史古迹的定义为："历史古迹的要领不仅包括单个建筑物，而且包括能从中找出一种独特的文明、一种有意义的发展或一个历史事件见证的城市或乡村环境。这不仅适用于伟大的艺术作品，而且亦适用于随时光流逝而获得文化意义的过去一些较为朴实的艺术品"。

我国使用"古迹"一词较多，除了与"名胜"连用为"名胜古迹"或用为"文物古迹"一词外，亦常见单独使用。所指含义接近罗马之"古迹"定义；亦近似 1972 年联合国《公约》所指"文化遗产"和 1978 年《古迹遗址理事会章程》所指"古迹遗址"定义。与"古物"一词可通用，根据语境理解，其含义有"文物"、"古物"之意。

《中国文物古迹保护准则》由国际古迹遗址理事会中国国家委员会制定，于 2002 年发行第一版，并于 2004 年和 2014 年进行修订。该准则明确文物古迹是指人类在历史上创造或遗留的具有价值的不可移动的实物遗存，包括古文化遗址、古墓葬、古建筑、石窟寺、石刻、近现代史迹及代表性建筑、历史文化名城、名镇、名村和其中的附属文物，文化景观、文化线路、遗产运河等类型的遗产也属于文物古迹的范畴。

（4）遗址

"遗址"是一个考古学术语。考古"遗址"与"建筑遗产"这两个概念在外延上是有交集的，属于建筑性质的考古遗址同时也是建筑遗产，具体如原始聚落遗址、原始祭祀遗址、原始住房遗址、古代城市遗址（一般多称为城址，包括城垣遗址、建筑遗址等）、古代建筑基址、古代建筑遗址等。

从建筑的角度来看，"遗址"是指物质组成内容发生了局部损毁的、丧失了原有功能的、需要进行历史考证的、不完整（形式不完整、结构不完整）的实体。损毁的程度有大有小，但总是要有物质性的内容留存下来，否则就是彻底的损毁，是消失。

根据不同的物质存留状可以将"遗址"更为准确地区分为"基址"和"残迹"。"基址"和"残迹"的区别在于损毁程度和空间存在状态的不同。在损毁程度方面，前者要大于后者，即"基址"只能够提供一些最基本的信息（最基本的信息是指空间位置、平面布局、组成内容等，如果连这些信息都不能提供，就只能视作消失不存在了）；在空间存在状态方面，"基址"是近乎平面化的，"残迹"则能够提供一定的三维的空间结构信息。举例来说，原始聚落遗址中居住房屋的遗址多属于基址，而一座屋面塌毁的建筑物则是残迹。

（5）古建筑

"古建筑"一词常见于民国初年的日常使用中。如"天封古塔为四明古建筑之冠"，"清江发现古建筑物石桥一座"。20 世纪 20～30 年代也是我国都市计划的发轫期，1931 年出版之《市政举要》一书记录"政府对于市政，颇多注意，如古建筑之利用与保存、各项警察之训练，皆为国人所注目，而继兴之市政日益加多，不可谓非十余年来之进步"。"古建筑"一词惯用至今，通常指具有历史意义的建国之前的民用建筑和公共建筑，其包括民国时期的建筑。

（6）文物建筑

一切不可移动文物称为"文物保护单位"，"文物建筑"通常指的也是作为文物保护单位的建筑遗产。文物建筑意义基本对应于"Heritage Site"，特别要指出的是我国于近年来淡化了文物建筑的概念，而代替以文化遗产（Cultural Heritage），如国家文物局的英译名称成为"State Administration of Cultural Heritage"（SACH）。这里不仅仅存在称谓上的变化，在文物保护体制下，对于建筑保护的深度和广度都在不断变化，文保单位数量成倍增加，大量处于使用中的近现代建筑进入文保单位行列。

1.2.1.2　历史建筑

20 世纪 30 年代中央古物保管委员会在翻译、介绍各国古物保管法规时，使用了"历史建筑物"这一词汇。这一在今日亦频繁使用、理解范围大于"古建筑"的概念，关注到了不同时代建筑所具有的社会历史、艺术和科技价值，表述范围非常宽泛，可以包括历史上留存下来的所有建筑及其历史环境。历史建筑的英文翻译为"Historic Building"。在这里，"Historic"并不强调"重大历史意义及影响"，而仅仅意为"历史上的"。它是随着时代的进步而逐渐发展演变而来的概念。历史建筑与纪念建筑不同，是指在它建造多年后才成为一个纪念物，如宫殿、住宅或桥梁。而纪念建筑是指在它建造初始就决定了它是一个纪念物，如石碑、坟墓或拱门。历史建筑广泛用于当前的建筑保护，但它从未被精确定义，更多的是人们对广义建筑遗产笼统的称谓。

（1）国际上对历史建筑的界定

在西方历史中，对历史建筑的第一次定位是在 15 世纪的意大利。实际上，在法国古物搜集家米林（Millin）所著的《国家古物遗迹和纪念物搜集》一书中就提到历史建筑一词，指出历史建筑是从古代到 15～18 世纪一直延续下来的。

早期的国际宪章中并没有提到"Historic Building"而多用"Monument"，而《威尼斯宪章》的英文全称即"International Charter for The Conservation and Restoration of Monument and Sites"。那时"更多关注的是那些对人类文明史影响较大的高等级纪念物的建筑遗产"，而"Historic Building"在国际宪章中第一次出现则是 1975 年的《阿姆斯特丹宣言》。

1982 年，英国国际古迹及遗址理事会主席伯纳德·费尔顿（Bernard Fielded）指出："历史建筑是能给我们惊奇感觉，并令我们想去了解更多有关创造它的民族和文化的建筑物。它具有建筑、美学、历史、纪录、考古学、经济、社会，甚至是政治和精神或象征性的价值；但最初的冲击总是情感上的，因为它是我们文化自明性和连续性的象征——我们传统遗产的一部分。"这是对历史建筑比较权威的定义，由此可以对历史建筑的多重价值有比较全面的理解。

目前，国际上历史建筑的直接对应词"Historic Building"一般指具有特殊价值的建筑遗产，涵盖各级保护建筑。例如，英国政府文件对历史建筑有明确的界定，主要包括以下几类：①登录建筑；②保护区内的建筑；③具有地方历史建筑价值且地方政府发展规划必须考虑的建筑；④位于国家公园、杰出自然风景区和世界遗产地范围内具有历史和建筑价值的建筑物。

（2）我国法律法规对历史建筑范围的界定

在我国，由于相关法规的颁布，历史建筑有了相对局限的含义。

我国 2005 年颁布的《历史文化名城保护规划规范》中，将历史街区内的建筑分为四类：

1）文物保护单位（Officially Protected Monuments and Sites）

经县以上人民政府核定公布应予重点保护的文物古迹。

2）保护建筑（Candidacy Listing Building）

具有较高历史、科学和艺术价值，规划认为应按文物保护单位保护方法进行保护的建（构）筑物。

3）历史建筑（Historic Building）

有一定历史、科学、艺术价值的，反映城市历史风貌和地方特色的建（构）筑物。

4）一般建（构）筑物

是指文物保护单位、保护建筑和历史建筑以外，位于历史街区的所有新旧建筑。可分为与"历史风貌无冲突的建（构）筑物"和"与历史风貌有冲突的建（构）筑物"。

可以看出，以上四类主要是针对历史文化名城和历史文化街区范围而进行的建筑分类，并且将传统意义上的历史建筑根据其历史、科学、艺术价值的由高至低划分为文物建筑、保护建筑和历史建筑三类。所以该《规范》中历史建筑的定义具有局限性。

我国于 2008 年 4 月颁布的《历史文化名城名镇名村保护条例》第四十七条将历史建筑定义为"经城市、县人民政府确定公布的具有一定保护价值，能够反映历史风貌和地方特色，未公布为文物保护单位，也未登记为不可移动文物的建筑物、构筑物。"这个定义主要强调的是历史建筑具备的法律身份，是基于法律制度层面的定义，仍不够全面。

此外，各地还根据自身城市特点通过各种地方法规规章对本地的历史建筑进行了界定。例如，上海市受保护的近代历史建筑的界定有三种情况：①列入《上海市历史文化名城保护规划》属于全国重点文物保护单位的建筑；②《上海市优秀近代建筑保护管理办法》提出优秀近代建筑的定义；③《上海市历史文化风貌区和优秀历史建筑保护条例》规定了更大的受保护的历史建筑认定范围，将建成年代放宽到 30 年以上。

按照《天津市历史风貌建筑保护条例》的定位，历史风貌建筑是："建成 50 年以上，在建筑样式、结构、施工工艺和工程技术等方面具有建筑艺术特色和科学价值；反映本市历史文化和民俗传统，具有时代特色和地域特色；具有异国建筑风格特点；著名建筑师的代表作品；在革命发展史上具有特殊纪念意义；在产业发展史上具有代表性的作坊、商铺、厂房和仓库等；名人故居及其他具有特殊历史意义的建筑。"

由保护建筑界定的扩大和世界性的历史保护的发展趋势我们得知，人类对历史建筑的认识一直在深化和完善，我们在理解历史建筑的含义的时候，还是需要跳出这个局限，对应国际上对历史建筑的定义，将其理解为一个综合的概念，包括文物古迹、古建筑、近现代优秀建筑及历史街区在内的一切具有历史文化价值和在特定历史阶段具有一定影响的、反映民族和地方特色的建筑及环境。在空间上打破"一个"和"一幢"的局限，扩展到"一片"甚至"一个街区"等等，而具有"环境"的内涵；在时间上不拘于"某一"原状或"某一"现状，秉承动态发展的视角，而保持"生命"的延续。

1.2.2 历史建筑的价值

建筑是人类文化积淀的产物，它记载着人类文明形成和发展的各个不同时期的技术成就和艺术创造，是一个时代的生活方式、工程技术与审美观等的全部反映。研究城市旧城中历史建筑的价值，必须从经济学、社会学、人类学、史学、文化学、心理学等不同层面进行综合系统地探讨，即建立多元的建筑价值观。

关于文物古迹的价值，国内和国际分别给出了定义。

按照《文物保护法》的规定，文物的价值包括历史价值、艺术价值、科学价值和史料价值四个价值。

在《文物古迹保护准则》中规定文物古迹价值的含义为："文物古迹的价值包括历史价值、艺术价值和科学价值"。该规定和《文物保护法》是一致的。

《巴拉宪章》中提出："文化意义指对前代、现代或后代具有美学、历史、科学或社会价值"。

1987年联合国教科文组织制定《＜世界文化遗产公约＞实施守则（草案）》时列举了文物古迹体现的价值有：情感价值、文化价值、使用价值。

罗马"保护和修复国际研究中心"（ICCROM）前主任、英国学者费尔顿（B. M. Feilden）先生把历史建筑的价值归纳为以下三个方面：

1）情感价值：惊叹称奇；趋同性；延续性；精神的和象征的；崇拜。

2）文化价值：文献的；历史的；考古的；古老和珍稀；古人类学和文化人类学的；审美的；建筑艺术的；城市景观的；风景的和生态学的；科学的。

3）使用价值：功能的；经济的（包括旅游）；教育的（包括展现）；社会的；政治的。这样的认识和归纳对于妥善解决旧城及历史建筑保护与利用的关系问题，起到非常重要的指导作用。

综上，可以看出，我国在定义文物建筑、文物古迹的价值的时候，并未提及"古迹利用"和"经济效益"，这点与国际上对文物古迹价值的定义存在一定差异，仍是争论点。而本书中定义的历史建筑因为范围更广，综合考虑，将历史建筑价值概况总结为以下三个方面：

（1）文化情感价值

建筑是延续人文环境不可或缺的重要因素，作为人文环境重要组成部分的历史建筑一旦消失，造成的损失将是无法估量和不可挽回的。历史建筑的开发再利用在保护人文环境、延续城市文脉、保留地域文化等所起作用是不可替代的，因此文化情感价值是历史建筑区别于一般建筑物的核心价值。历史建筑的文化情感价值主要分为历史价值、科学价值、艺术价值和情感价值四个方面。

历史价值是指建筑反映出的人类学、考古学、文明史、政治学、社会学、文献学等方面的信息。建筑和历史有密不可分的关系，建筑被深深打上时代的烙印；反之，各个时代保留下来的建筑又成为历史的见证。历史建筑能够表达某个时期的特殊历史背景，是历史文化的物质载体，是物化的文化，它从不同的侧面反映出某一社会、某一发展阶段的生产力与生产关系、经济基础与上层建筑相互作用的关系，是人们研究社会发展史的实物资料。保存历史建筑，可以让子孙后代了解曾经的历史和社会的变迁。如果将这些能够表达当时政治、经济、社会环境的历史建筑拆除，历史记录的完整性将受到破坏，造成的损失是无法衡量的。

历史建筑的科学价值主要体现为其在工程技术学、材料学、城市规划学、建筑学以及景观与生态学等方面的成就。历史建筑的保存给传统施工技艺的传承提供了载体，比文献资料更为生动、可信和直观，如果这些积累了大量传统技艺的历史建筑不断地被摧毁，那么众多代表了各个历史时期科学发展水平的传统精湛技艺也将随之消失甚至失传。

历史建筑的艺术价值主要体现为历史建筑在人类艺术发展史上的地位，以及时代审美观的代表。建筑、绘画、雕塑、音乐与诗歌历来被公认为传统艺术体系中五个不可替代的组成核心，历史建筑的建筑风格、装饰手法等必然体现了一定的艺术价值。

情感价值的核心是文化认同，其表层含义是每个民族在社会文明进程中寻找自身落点的依凭；其深层的作用则是通过这种文化落点和文化归属的认同，在强调本体价值、尊重多元文化并存的现代社会文化场势中产生一种凝聚作用，以期达到民族之间的共处和国家的巩固。情感价值包括认同作用、历史延续感、精神象征感、意识凝聚、民族与种族、宗教崇拜、民俗等。对于旧城的情感认同，对于构建城市文化有着至关重要的作用。

（2）社会与环境价值

社会与环境价值主要是指历史建筑在利用资源和维护生态环境方面的价值。建造一座建筑需要花费一定的自然资源作为建筑材料和机械设备，需要一定的劳动力资源进行设计和施工，另外还需要一定的资金使建造工作得以实施，因而建筑同其他自然资源一样，作为一种既有资源，都是地球上有限的资源中的一部分。目前在倡导可持续发展的国际形势下，以建筑全生命周期的观念来评价建筑物对外部环境的影响获得了广泛认同。所谓建筑的全生命周期，主要包括原材料的获取、生产运输、建造、使用和维护以及最终处理五个部分，在这五个过程当中，要考虑每个过程当中的能源、材料的投入，每一个过程当中固体废弃物和废气的排放，以及建筑物对环境产生的各种潜在影响等。

应该说，建筑业是影响生态环境最重要的行业之一，建筑的生产过程、使用过程及解体过程，不仅消耗大量的不可再生自然资源，而且是重要的环境污染制造过程。拆、建过程的不断更替，则会导致资源的重复消耗和环境的重复污染。日本的研究结果表明，与建筑业有关的污染接近环境污染总量的40％～50％。因此，从可持续和生态的角度看，包括历史建筑在内的所有既存建筑，都具有一定的社会与环境资源价值。

历史建筑的环境价值包含两个方面，即自然环境和文化环境，具体如下：

1）自然环境—文物建筑对自然气候和地理条件的特殊性的反应程度；

2）文化环境—环境的地域文化特征以及文物对其反应程度大小，包括周围建筑文脉保存状况，建筑与环境的逻辑关系清楚与否，文物与基地的关系明了与否，原有的环境与现状环境的不同内容、程度，以及有没有迁移导致的可读性差的问题等等；

3）个体反映—历史建筑在环境中的标志角色的程度，对环境整体连续性的作用大小；

4）环境关联—历史建筑环境中的有特点的关联体，如构筑物、周边设施状况、交通状况对文物价值的影响程度。

（3）利用与经济价值

人的使用在历史建筑的价值判定中所扮演的角色是潜在的、幕后的，脱离了使用者，历史建筑就会成为缺乏灵魂的空洞的躯壳。实际上绝大多数历史建筑既不可能也不应该维持原封不动的状态，有"延"有"续"才是健康的历史建筑保护和再生观。

对历史建筑利用价值的评价应当立足于以下方面：

1）功能延续——建筑使用现状及原有的功能得到了多大程度的延续；

2）功能变更——可改变原有功能，承担新功能同时不贬损原有价值的可能性的大小，前提是是否具备为承担新功能所应该具备的基础设施和条件。

历史建筑的经济价值显而易见，因为建筑产品都是经过勘察设计、建筑施工、构配件制作和设备安装等一系列劳动而最终建成的，其建造过程需要付出一定的自然资源、人力资源、技术资源和资金资源，可以提供人类具体的使用功能，创造一定的经济效益，并且其价格可以通过市场确定，因而本身具备经济价值。即使是那些废弃的历史建筑，看似已经没有什么经济价值了，但是建造它而花费的各种资源仍然蕴涵在建筑物本体之中，只是由于各种原因使其经济价值隐藏起来。如果有合适的机会，例如通过合理的改造与再开发，其潜在的经济价值仍然可以体现出来。另外，历史建筑本身的文化情感价值，在经过合理的改造和再利用之后，往往又可能转化为潜在的经济价值。

1.2.3 历史建筑的破坏及保护动机

1.2.3.1 历史建筑的破坏原因

对历史建筑的破坏主要表现在以下四个方面：

1）包括风化、自然老化和因使用产生的破损。建筑物的损耗程度是由其结构类型和建造材料决定的，因此在不同文化背景和地理区域中，修缮传统也有所区别。

2）建筑物也会因其功能和社会审美时尚的变化而被改建。

3）许多包含最丰富和最具创造性文化的地区，正遭受着地震和洪水等自然灾害的威胁，这些自然灾害已经、并将继续造成历史建筑和艺术作品不可修复的破坏和损毁。

4）武装冲突、战争、革命、征服活动、任意破坏和毁坏等，都增加了人为的遗产破坏因素。

1.2.3.2 历史建筑保护的动机

现代社会之所以对建筑遗产感兴趣，主要的动机既有对过去的浪漫性怀旧，又有对过去文化成就中某些特殊品质的尊重，同时震惊于熟悉的地方被轻率地改变，知名的历史性构筑物或令人赏心悦目的艺术作品被破坏和损毁，许多这种毁坏性的改变都是源于技术和工业的进步，而恰恰正是技术和工业进步从质变和量变这两个层面构建了当今社会。通过对建筑遗产的了解实现吸取过去人类经验的愿望。

1.3 保护和修复

1.3.1 保护和修复的概念

（1）保护

"保护"概念在遗产保护理论的术语和概念体系中是一个重要且基本的概念，而且是一个有着丰富内容的专业性概念。对于"保护"的概念，不仅要进行严格的、科学的定义，同时也要随着遗产保护运动的发展变化去探讨和调整。

国际遗产界对"保护"（conservation）概念的理解和定义是一直在变化和扩展的（表1-1）。

国际遗产界对"保护"概念的定义   表 1-1

名　称	时间	内　容
《威尼斯宪章》	1964	"保护"概念是针对遗产的物质层面的，属于抗销蚀的工程技术行为，其目的在于尽可能长久地保存作为物质实物的遗产。主要的措施是"维护"（maintenance）（日常的，持久的）和"修复"（restoration）（指保存和再现遗产的审美和历史价值的技术行为）
《内罗毕建议》	1976	对"保护"的定义是"鉴定、防护（protection）、保护、修缮、复生、维持历史或传统的建筑群及它们的环境并使它们重新获得活力"，增添了使遗产重生、恢复生命力的非物质层面的新内容
《巴拉宪章》	1979	"保护"概念包含更为广义的内容，保存（preservation）、保护性利用（conservative use）、保持遗产（与人）的联系及意义（retaining associations and meanings）、维护（maintenance）、修复（restoration）、重建（reconstruction）、展示（interpretation）、改造（adaptation）
《魁北克遗产保护宪章》	1982	阐释"保护"概念的视野更为开阔，以发展作为前提去制订保护措施、实施保护，而保护的目的就是使遗产具有可利用性、能融入人民的生活
《奈良文献》	1994	对"保护"的定义是"用于理解文化遗产、了解它的历史及含义，确保它的物质安全，并且按照需求确保它的展示、修复和改善的全面活动"，将"保护"概念扩展到了非物质层面，开始关注遗产与人的精神关联，人类应当通过理解遗产蕴涵的内在意义去建立人与遗产之间的关系

我国《文物保护法》（2013年修订）对"保护"是直接应用的，没有进行定义。根据具体的条文内容来理解，《文物保护法》所应用的"保护"主要是指"修缮"、"保养"这样的工程技术行为。同时列举的"迁移"、"重建"就行文来看应该是区别于"保护"的行为活动。

2000年国际古迹遗址理事会中国国家委员会制定的《中国文物古迹保护准则》对"保护"明确作出了定义："保护是指为保存文物古迹实物遗存及其历史环境进行的全部活动"（第一章总则 第二条）。"保护"的具体措施主要是修缮（包括日常保养、防护加固、现状修整、重点修复）和环境整治，把"保护"行为的实施对象从遗产本体扩大到了与遗产相关的周围环境。在《中国文物古迹保护准则·案例阐释》（2005年，征求意见稿）的案例解说中，对"保护"概念继续进行了补充和阐释："保护不仅包括工程技术干预，还包括宣传、教育、管理等一切为保存文物古迹所进行的活动。应动员一切社会力量积极参与，从多层面保存文物古迹的实物遗存及其历史环境"，这就把"保护"从单一的工程技术行为拓展为综合了保护工程技术、宣传、教育、管理的社会行为。

对"保护"概念的定义和理解不能只局限于物质的工程技术干预行为而忽略了"保护"所具有的非物质层面上的重要意义；不仅要重视作用于遗产本体的工程技术干预行为，要同样重视遗产同相关环境在时间与空间上的联系；遗产的"利用"和遗产的"展示"都属于"保护"，而且是"保护"行为活动中的重要内容。没有"利用"和"展示"

的"保护"是不完全的、不科学的。如果没有将"利用"和"展示"作为"保护"的内容来实施、操作，就会导致实践中利用和展示同"保护"的割裂，甚至是矛盾、对立，产生不利于"保护"、有损于"保护"的结果；"保护"的工程技术干预行为不能仅考虑静态遗产，要同样考虑动态遗产不同于静态遗产的特点和保护要求。

因此，所谓"保护"，是指理解建筑遗产本体及其相关历史环境并使它们保持安全、良好状态的一切行为活动，具体包括研究、工程技术干预、展示、利用、改善及发展、环境修整、教育、管理等多方面的内容。

保护的具体实施均应以历史建筑的法定身份、保护分级、保存状态和使用性质为依据，具体问题具体分析。不同案例不同对待，以原则约束策略，以策略活用原则。保护的主要目的，在于保存体现其价值的历史信息的"真实性"与"完整性"。保护本身是手段而非目的。历史保护涉及价值判断、规则控制和具体的技术操作。对于我国的历史建筑保护而言，时下最紧迫的任务是保护观念的普及和保护法律法规的健全。

（2）修复

修复的历史贯穿于建筑存在和演变的始终，从技术层面上看，一部建筑史同时也是一部修复史。实际上，一切建筑遗产保护问题的核心都与"修复"有关。房子用久了要修，缺损了要补，本来天经地义，但到了近代，当古今分野的现代意识伴随启蒙产生后，至少对一些重要的古迹和历史建筑来说，修复成了一个歧义纷呈，充满争议的保护价值观问题。从法国的"风格式修复"到英国的"反修复运动"，再到意大利的"科学式修复"，修复的含义和内容也在不断地发生变化。

在国际古迹遗址理事会（ICOMOS）的前身——历史古迹建筑师及技师国际会议的推动下，作为第一部具有深远影响的国际纲领性文件，《威尼斯宪章》总结和提升了 19 世纪以来历史建筑保存与修复的基本思想和原则，其精神可以用"修旧如旧，补新以新"八个字加以高度概括，目的就是把历史建筑真实、完整地传给后代。《威尼斯宪章》第九条明确指出："修复是一种高度专门化的技术，其目的是完全保护和再现文物建筑的美学和历史价值，必须以原始资料和确凿的历史文献为依据，决不能有丝毫的臆测。任何不可避免的添加部分都必须跟原来的建筑外观有明显的区别，而且要看出是当代的东西"。

总括看来，修复是指历史建筑全部或部分变形、劣化，通过一定的保护手段，在不破坏原结构体系的情况下，基本使用原构件，根据需要适当补充新材料（与原材料同类或完全的新型材料），使其恢复健康状态。国际现代的建筑遗产保存和修复趋势是，受到保护原则约束的操作策略需根据对象区别运用，承认真实与完整是各个时期变化的叠加，对这些叠加要根据其价值进行具体分析，以充分的断代修复和历史资料作支撑。进行合宜的取舍和选择，对新旧部分进行可识别的区分等，并在修复中适当地引入现代的材料和技术。

1.3.2 保护的干预层级

许多国家对于历史性建筑有不同的干预层级与分类，不同的个体所处的情况不同，价值评估不同，劣化问题的类别与严重程度不同，乃至不同的建筑部位与组成部分，都可能采取不同的干预层级。其中比较普遍的是：保存（Preservation）、衰败防止（Prevent Deterioration）、维护（Maintenance）、加固（Consolidation）、维修（Repair）、修复（Restoration）、复制（Reproduction）、重建（Reconstruction）、迁移或移位（Relocation）、适应性再利用（Adaptive Reuse）。

不同干预层级的干预程度和区别见表 1-2。

干预层级和干预程度 表 1-2

干预层级	干预方式	干预程度
保存（Preservation）	对象无添加物	无干预或干预较少，最有利于历史建筑的原状保护
衰败防止（Prevent Deterioration）		
维护（Maintenance）		
加固（Consolidation）	对象有添加物，空间或量体基本不变	有一定的干预，在正确的保护原则下进行的有利干预
维修（Repair）		
修复（Restoration）		
复制（Reproduction）		构件复制，以维持原有的美学和谐或实现某些功能需要
重建（Reconstruction）		重建为新物，目的为传统技艺、象征精神的保护，或者维持建筑群体的完整性
迁移或移位（Relocation）	对象有添加物，空间和量体改变，位置改变	割裂建筑所处的环境，大大降低建筑的历史信息，无法延续其文脉，不鼓励
适应性再利用（Adaptive Reuse）	对象有添加物，空间和量体改变，位置不变	再利用需要新材料、新构件以及现代设备的引入，需要谨慎对待

保存：《巴拉宪章》第 1.6：是指维护某遗产地的现存构造状态并延缓其退化。保存的目的是维持建筑遗存的现存状态，当必须预防进一步的病害的发生时，才能进行干预与维修。衰败防止与保存的差异在于前者是在预见到劣化衰败的发生而提前采取措施，后者则是劣化已经出现，必须加以制止或延缓其过程，尽可能保持建筑最近修复时的状态。近几十年来欧洲将保存层级应用到价值较高的历史性建筑之上，比如年代久远的古迹、遗址，对这类建筑最大程度的保留其现有实体，维持现有状态，而较少创造性地复原。

衰败防止：是人为干预保护对象本体或者所处的环境，防止或延缓可预见的未来可能发生的劣化衰败问题出现。降低建筑遗存衰败产生的内外因素，包括如地震、火灾、动植物侵害、自然劣化、偷盗、涂鸦等等。

加固：加固是建筑遗存实体或所在空间中添加物质性的添加物、使用粘结物或加入支撑构件或结构，以确保其持续的耐久性或结构原样。当建筑现存结构件的强度不足以应对可能出现的危险时，必须进行加固，加固材料与体系应尽可能小地影响建筑物原有的形态与外观，并且不会加速或新产生原有材料的劣化。比如许多历史性建筑或遗迹以现代的钢材取代砖石结构支撑，以及某些钢筋混凝土补强的实例。

维护：《巴拉宪章》第 1.5：维护是指对某遗产地的构造和环境所采取的持续保护措施。

维修：维护要与维修相区别，维修包括修复和重建。重建并不仅指建筑整体或主体结构的重建，也包括缺失的或严重损毁的小的构件的恢复。以屋顶檐槽为例，维护涉及沟槽的常规检查与清洁；修复性维修意味着将沉积的沟槽重新装回原位；重建性维修则意味着更换已经腐朽的沟槽。

修复：《巴拉宪章》第 1.7：修复是指通过去除增添物，或不利用新材料而将现有组成部分进行重新组装，将某一场所的现有构造恢复到已知的某一历史形态。《世界文化遗产地管理指南》：以便在现有材料范围内重现原始状态，重现文化价值并提高其原始设计的可辨认性。《建筑构造词典》中修复被定义为：重新准确地建立一幢建筑、其人造物与其所处基地之细部与形式，通常呈现一个特定时代，可能需要移除后来的添加物或者重建以前失落的部分。实际该词有两类含义：重点修复（Major Restoration）和现状修整（Minor Restoration），前者是包括了对构件拆卸与替换以及新构件附加；后者主要是指依靠去除后来非历史性的部分，而不加入新附加物。建筑已丧失的装饰性构件的替换也是一种修复的形式，丧失部分的替换应整体和谐，同时必须能够与原始部件相区别，不致混淆原有的证据。形式上的统一并非复原的目标，因为任何时期的添加部分可以考虑被视为历史记录而非单纯的以往的维修。某种意义上，建筑物的清洗也被视为是复原的一部分，其呈现的是原来未覆盖积垢的面貌。

复制：复制原作以替换某些已丧失或严重衰败的部分，以维持原有的美学和谐或实现某些功能需要。比如雅典卫城伊瑞克提翁神庙的女像柱，都是复制品，一尊在大英博物馆，还有几尊在卫城博物馆。

重建：根据《建筑保存字典 Dictionary of Building Preservation》一书的定义，为对一栋已经消失，存在历史上某一特定时期建筑的材料、形式与外貌，以历史研究为依据的复制过程。经常复制于原有的基础上，传统与现代的构造方式都有可能被应用于重建的过程。这是一种不得已的方式，由于重建之物原已消失不见，所以重建应有正确的考证和证据支持，而非基于臆测。一般情况，古建筑重建的前提是一定要有足够的原物可以再被修复重组。如果重建中大多数材料为非原物，采用了大部分新材料，那么重建之古建筑将被认为是新建建筑。

迁移或移位：是将建筑遗存全部搬到另一块新的基地上。《威尼斯宪章》指出为保护它而非进行迁移不可，或者因为国家的或国际的非常重大的利益有此要求时，才进行的。这类方式通常是最后的选择，不应鼓励，目前技术的成熟不应成为其进行的主要依据，这样做容易割裂建筑所处的环境，大大降低建筑的历史信息，无法延续其文脉。但在面临重大灾害危险时，可能不得不进行。但即使这样，争议也很大。

可适应性再利用：保存近代历史性建筑的一个途径是维持它们被持续使用，维持原用途是最佳的选择，但在某些情况下，不可避免地适度改变建筑的用途。可适用性再利用通常是建筑遗存的历史和美学价值保存的同时，实现建筑的经济价值，为遗存带来现代的规范。再利用往往牵涉新材料、新构件以及现代设备的引入，需要谨慎对待。

1.3.3 保护和修复的原则

1.3.3.1 原真性原则

所谓原真性，英文为 authenticity。在我国建筑保护领域中，原真性的定义是近几年才被学术界广泛应用的。早期学术著作中曾把 authenticity 译为"真实性"或 integrity"完整性"，两种概念并行，同时广泛使用。近两年来，有学者讨论认为将 authenticity 译为"原真性"更能表达世界遗产"原作"、"真实"两层含义。英国反修复运动代表人物约翰·拉斯金极力主张以"保护、保存、维修"的方式替代不负责任的修复手段，可以说这是"原真性"概念的首次出现。

原真性不仅强调保存历史建筑真实和纯正的状态，同时还强调保留不同历史时期的改变、层次和岁月的痕迹的重要性。在历史建筑保护修复的现代理念中，"真实性"被赋予了新的含义，它是人文科学中"普适价值"的代表，人们对过去仅满足于复制古老样式的最"忠实的"修复进行反思，从而强调保存历史建筑的真实性。历史建筑作为人类文化遗产，不可再生与复制，建筑自身及其环境作为载体反映的历史信息必须是可靠的、切实的，信息的真实性至关重要，如果损害混淆了信息的真实性，历史建筑的价值及意义将大大降低。因此，历史建筑保护的最根本原则是原真性原则。

1.3.3.2 最小干预原则

最小干预：对历史建筑的保护应该立足于日常保养与维护，尽量防止其受到破坏，不能将保护依赖于修缮，通过养护来达到最大限度地保留建筑的历史和文化等方面的信息。《威尼斯宪章》中，提出了"保护"的重点：古迹保护最为重要的措施在于日常的维护。在历史建筑的保护修复中，人为干预得越多，越有可能混淆历史的本来面目。保护是用来防止劣化所采取的行动，它包括所有能延长文化与自然遗产寿命的行动，目的在于展示给历史建筑的使用者和将其视为艺术和人文奇迹的人们。

最小干预的原则，其实可以解释为在历史建筑的保护修复中，只做必要的处理，尽量降低人为处理的因素，所做的工作只是为了延缓文物建筑的破坏、保持或恢复其强度、使建筑延年益寿。在保护修复的实践中，对历史建筑的干预措施应尽量选择较为轻微的方式，能够维护的就不修缮，可以修缮的就不修复，可以修复的决不复原。如果可能的话，应采取可逆的措施，并不影响将来可能实施的干预。

1.3.3.3 可识别性原则

可识别性：《威尼斯宪章》中第九条指出："修复过程是一个高度专业化的工作，……任何不可避免的添加都必须与该建筑的构成有所区别，并且必须要有现代标记。"第十二条："缺失部分的修补必须与整体保持和谐，但同时必须有别于原作，修复不歪曲其艺术或历史见证。"

可识别与可读性是历史建筑信息中非常重要的原则。部分历史建筑保护公司在对历史建筑进行维修时，通常把从不同年代、不同风格、不同地域的历史建筑上拆卸的构件"移植"到待修复的历史建筑上，这将导致建筑的原真性信息消失。历史建筑中，不同年代遗留的痕迹与添加的痕迹都应该是清晰可辨的，不能不加区分、混淆不清。

1.3.3.4 可逆性原则

可逆性：随着社会生产力的发展，越来越多的新科学新技术应用于历史建筑保护修复中。实践证明这些技术大多是可靠的，但也都有着自身的缺陷，有些技术在实践中被逐步淘汰和更换。《威尼斯宪章》提出，"一切干预都应该是可以撤销的，可逆的，并且不会对古迹造成破坏。"因此，在历史建筑保护中，采取的任何技术措施都应该可以在后续的历史建筑保护中被撤销和替换，而不造成对历史建筑本身的伤害，甚至留下不可挽回的损失。不论采取何种技术手段，"可逆性"保证了历史建筑本身不受影响，也降低了技术措施的风险，在修复工程中最大限度地保存了历史建筑的真实性。

"可逆性"最早出现在意大利文物修复专家彻萨尔·布兰迪（Cesare Brandi）的著作《文物修复理论》（Teoria del restauro，1963 年）一书中，该书中强调了修复的可逆性、可识别性和最小干预原则。随着其保护理论的传播，"可逆性"作为文物保护修复的基本原则之一被国际广泛认知和接受。英国伯纳德·费尔顿爵士在《历史建筑保护》（1982年）一书中再次强调了"可逆性"原则，并在我国期刊上撰文介绍了欧洲的文物保护观念，其中一条原则就是"一切措施都应该是可逆的，并且不妨碍日后采取进一步的措施"。这是国内文献中关于"可逆性"早期的介绍。此后，"可逆性"便频频出现在国内文化遗产保护的相关文章中，然而，却罕有对"可逆性"原则的专题研究。

遵守"可逆性"原则是文保工作者的重要责任，但在实践中却常常遇到难题和困惑，即：如何操作和评价"可逆性"。对此，我们应该整体地、弹性地、辩证地看待和运用"可逆性"原则。首先，"可逆性"原则是社会发展的产物。随着哲学、史学和科技等方面的发展，人们逐渐意识到科学发展具有时代局限性。同时，认识到修复行为不是单纯的技术性行为，修复行为自身也会产生历史意义，随着时代变迁和认识水平的提高，对其进行的标准也发生变化。因此，最好的选择是兼顾艺术性与科学性的同时，还能使修复具备可逆性，留下未来可工作的空间。其次，"可逆性"原则和《威尼斯宪章》都建立在布兰迪修复理论基础之上，它们都是文物保护工作的重要依据，在运用时要把两者综合起来考虑，并且要意识到所有的保护修复原则都是为了实现其最高宗旨，即"保护与修复古迹的目的在于把它们既作为历史见证，又作为艺术品予以保护"。最后，"可逆性"原则不是一个僵化的原则。正如《中国文物古迹保护准则》及其《阐述》中所体现的，"可逆性"是有弹性的，当和保护修复的最高宗旨发生冲突时，就需要牺牲"可逆性"原则。

1.4 历史文化街区与历史文化名城

1.4.1 历史文化街区

1976年联合国教育、科学及文化组织大会第十九届会议于1976年11月26日在内罗毕通过了《关于历史地区的保护及其当代作用的建议》（《内罗毕建议》）。《建议》定义历史和建筑（包括本地的）地区（Historic Areas）系指包含考古和古生物遗址的任何建筑群、结构和空旷地，它们构成城乡环境中的人类居住地，从考古、建筑、史前史、历史、艺术和社会文化的角度看，其凝聚力和价值已得到认可。在这些性质各异的地区中，可特别划分为以下各类：史前遗址、历史城镇、老城区、老村庄、老村落以及相似的古迹群。

我国"历史街区保护"概念的提出相对较晚。1982年出台的《中华人民共和国文物保护法》所指的"文物保护单位"主要涉及单体建筑物、功能单一的建筑群以及公园等历史文化遗存，而所谓的"历史文化名城"又过于空泛，并无历史街区保护的概念。为使"历史文化名城"保护体系具有实际操作性，专门负责该事务的建设部、文化部于1986年在《建设部、文化部关于请公布第二批国家历史文化名城名单报告》中专门提出建议："做好历史文化名城保护规划。要保护文物古迹及具有历史传统特色的街区，保护城市的传统格局和风貌，保护传统的文化、艺术、民族风情的精华和著名的传统产品。保护规划要纳入城市总体规划，按《城市规划条例》规定的程序上报审批。各历史文化名城要制定保护、管理的地方法规，明确保护对象及其保护范围和建设控制地带，分别采取相应的保护措施。"同时提出："对文物古迹比较集中或能较完整地体现出某一历史时期传统风貌和民族地方特色的街区、建筑群、小镇、村落等也应予以保护，可根据其历史、科学、艺术价值，核定公布为地方各级'历史文化保护区"。所谓保护区，就是指保护有价值的街区、城区等一定区域范围内的"地段"。

自此，有关历史街区保护的概念才正式浮出水面，但有关历史街区的保护工作仍然是在"历史文化名城"体系下操作，长期以来一直没有法律层面的条文加以管制，直至 2002 年 10 月，第九届全国人大会常委会上修订的第三版《中华人民共和国文物保护法》中才有所体现。其在第二章（不可移动文物）第十四条规定补充为：保存文物特别丰富并且具有重大历史价值或者革命纪念意义的城市，由国务院核定公布为历史文化名城。保存文物特别丰富并且具有重大历史价值或者革命纪念意义的城镇、街道、村庄，由省、自治区、直辖市人民政府核定公布为历史文化街区、村镇，并报国务院备案。历史文化名城和历史文化街区、村镇所在地的县级以上地方人民政府应当组织编制专门的历史文化名城和历史文化街区、村镇保护规划，并纳入城市总体规划。历史文化名城和历史文化街区、村镇的保护办法，由国务院制定。同时在第七章（法律责任）第六十九条提到：历史文化名城的布局、环境、历史风貌等遭到严重破坏的，由国务院撤销其历史文化名城称号；历史文化城镇、街道、村庄的布局、环境、历史风貌等遭到严重破坏的，由省、自治区、直辖市人民政府撤销其历史文化街区、村镇称号；对负有责任的主管人员和其他直接责任人员依法给予行政处分。

1.4.2　历史文化名城

为了弘扬中华文明，国务院逐渐意识到保护并展示历史文化的重要性，为了尽快实现保护效果，政府将其保护范围一次性地扩大到城市级别，即我们今天所熟知的"历史文化名城"体系。历史文化名城保护自 1982 年开始实行，该年第一版的《中华人民共和国文物保护法》第二章"文物保护单位"的第八条中提出：保存文物特别丰富、具有重大历史价值和革命意义的城市，由国家文化行政管理部门会同城乡建设环境保护部门报国务院核定公布为历史文化名城。国务院于 1982 年、1986 年、1994 年先后批准了三批共 99 个国家历史文化名城。从 2001 年起开始单独批准增补，至 2016 年温州列入为止，先后增补了 33 个，总数达到 132 个。其中琼山市已并入海口市，有时将高邮、永州合并算为一个，所以也可以说总计 131 个。

《中华人民共和国文物保护法》首次明确了历史文化名城的法律地位，为保护历史文化名城提供了法律依据。不仅把历史文化名城从文物保护单位中剥离出来，单独设定为与文物保护单位并称的不可移动文物，突出强调了历史文化名城保护的特殊性和复杂性，而且还将法律适用范围扩大到了历史文化城镇、街道和村庄，并授权国务院针对历史文化名城和历史文化街区、村镇制定保护办法。国务院于 2008 年 4 月公布实施了《历史文化名城名镇名村保护条例》。《中华人民共和国城乡规划法》也将保护历史文化遗产确定为城市总体规划的强制性内容。一些省、自治区、直辖市和较大城市，结合当地实际，颁布了地方性法规。国务院城乡规划主管部门依法制定了《城市紫线管理办法》，要求在城乡规划管理中划定历史文化街区和历史建筑保护范围，又批准《历史文化名城保护规划规范》为国家标准。2006 年以来，陆续向历史文化名城所在地政府派驻了城乡规划督察员，把历史文化遗产保护作为一项督察重点。这些法律、行政法规、地方性法规、部门规章，以及地方政府规章形成了一整套系统完整的法律规范体系，促使我国历史文化名城名镇名村保护工作不断向法制化、规范化和科学化迈进。

"历史文化名城"体系虽然建立，但争论并未停止。社会主义建设如火如荼地进行，大量历史城市的旧貌面临彻底"改头换面"的危险。众所周知，自20世纪80年代开始我国加大了城市化的推进步伐，面对一片片被推倒的历史建筑和一幢幢拔地而起的现代化高楼大厦，建筑界的学者们可谓"感慨万千"，同时也"众说纷纭"。其中关于北京"维护古都风貌"的讨论便是经典一例。其讨论的核心就是如何看待保护和开发之间的矛盾，这看上去是北京的事情，实际上是当时，乃至当前的全国性问题。

时至今日，关于应"保护"还是应"发展"的话题仍然是学术界争议的焦点。早期政府推出的"历史文化名城"体系无法从根本上解决这一问题。实际上，"历史文化名城"体系甚至无法有效地进行具体操作，皆因在全国城市化大开发的社会背景下，历史街区或历史建筑保护本来就困难重重，因此更应该从具体的范围入手，形成一套具有明确技术指标的操作规范。而现实情况是，"历史文化名城"体系所提出的保护范围过大，同时既没有具体操作细节，又无法限制城市开发行为，最终被列入"名城"体系的城市不过是得到一个"空头荣誉"，其收获的最大好处仅仅起到城市宣传的"广告效应"。因此自20世纪80年代至今，破坏性开发以及过度的城市更新行为无时无刻不在疯狂吞噬着"曾经的历史文化遗产"，至今我国虽有百余座历史文化名城，但在这些高楼大厦林立、柏油马路纵横的现代都市中却很难再找到其"历史文化的证据"了。

目前在我国131个历史文化名城中，仅有平遥、丽江两座古城保存比较完好，其他古城无论整体格局，还是传统风貌，大都支离破碎，面目全非，以致使"历史文化名城"的光环只不过成为对其曾经的历史地位和历史价值的肯定与赞誉。于是保护工作不得不退而守之，把保护两个以上历史文化街区作为保护名城的底线，甚至在偌大一座名城中，将历史文化街区的基本标准降到了用地面积不小于1公顷。即使如此，据粗略统计，迄今我国近三分之二的历史文化名城已经失去了保存比较完整的历史文化街区；尤其原状保存下来，原汁原味地延续历史文脉，展示传统风貌的街区更是凤毛麟角。在首批公布的"中国十大名街"里，也不乏人为改变原状，新建、改建、扩建仿古建筑和不协调建筑的问题。《名城保护规范》规定："在历史文化街区的保护界线以内，需要保护的文物古迹和历史建筑的建筑用地面积占保护区用地总面积的比例应在60%以上，以较完整地体现历史文化街区的整体风貌，同时也将有利于保护与整治规划的实施。"但是现实情况却是在许多地方，保护规划所划定的历史文化街区已被蚕食毁坏，或者改变了建设用地性质，文物古迹和历史建筑的建设用地面积锐减，尽管大体保留了传统街道格局和空间尺度，但是充斥了大量仿古建筑和不协调建筑；更有甚者，不少地方还把城市总体规划和保护规划早已确定的历史文化街区作为"城市棚户区"，列为政府的"民生工程"和"重点项目"，大拆大建，进行房地产开发、旅游开发和商业开发，更有甚者造成了尖锐的社会矛盾，掀起了轩然大波。与此同时，在方兴未艾的申报历史文化名城名镇名村热中，一些城市和村镇并非为了保护和传承文化遗产，而是希望通过打造国字号文化品牌，实施房地产开发与旅游开发。这种破坏现象越是在经济发展快的地方，就越是严重，反映出一种急功近利的精神浮躁。今后随着经济发展方式改变以及城市转型发展，当地政府利用文化遗产发展旅游经济更是一条低成本的捷径，如果掉以轻心，历史文化名城名镇名村必将面临一场劫难。

本章思考题

1. 遗产的概念及分类是什么？
2. 遗产保护体制的类别有哪些？
3. 简述历史建筑、文物建筑、古建筑、建筑遗产的区别与联系？
4. 保护的干预层级是什么？
5. 历史建筑保护和修复的原则有哪些？
6. 简述历史风貌建筑的概念。

第 2 章 历史建筑保护和修复的发展历程

【学习要求】
通过本章学习，了解国际历史建筑保护的发展历程，熟悉我国历史建筑保护的发展历程，了解东西方历史建筑保护的差异。
【知识延伸】
了解天津历史风貌建筑保护的发展历程。

回顾建筑保护的历史，从 19 世纪中叶的"修复狂潮"（restoration fury）到"反修复运动"（anti-restoration movement）和现代保护运动，历史建筑保护中对历史建筑价值评判发生了一系列的变化，现代保护理论及方法正是基于价值理论演变而来。从风格性修复到批判性修复，从传统的历史价值演变为进化价值和岁月价值，从保护修复到日常维护，从经典建筑保护到一般性建筑保护……修复的现代理念伴随着西方史学思想的发展形成于 18 世纪，在 19 世纪和 20 世纪的辩论和实践中不断丰富和发展。

2.1 国际历史建筑保护和修复的发展历程

国际文化遗产保护观念发展经历了一个由个体到整体、由局部到全局、由国家立法到国际立法再到国家立法的过程。这一过程，实际上是伴随着人类经济和社会的发展同步展开。与之相应的，对于历史建筑保护的概念、内涵、方式也一直在不断发展、变化与完善，这在有关历史建筑保护的国际宪章的发展历程中得以充分体现。

历史建筑保护与再利用的概念源于对历史文物建筑的保护，是一种由单纯的、静态的保存思想发展而来的更为积极的、动态的保护观念。对历史文物建筑的保护和再利用是再利用的保护理念应用于大量历史建筑的思想基础。

2.1.1 欧洲历史建筑保护和修复的起源与发展

对历史建筑的有意识的保护源自西方，在此之前对历史建筑价值的认识在西方也经历了漫长的过程。早期人们维修那些古老的建筑，主要是为了保护其使用价值或保护其特定的宗教象征意义。这种观念一直维持到 14 世纪以后，到文艺复兴晚期，对古代艺术，包括建筑艺术的欣赏，已成为一种社会时尚，这时的人们开始关注老建筑的艺术价值。18 世纪开始，新兴资产阶级广泛宣扬自由、平等、博爱的人文思想以批判封建社会的强权与专制，试图以共和时期的古希腊和古罗马唤起人民对民主、自由的向往。从 18 世纪 60 年代开始，欧洲的建筑创作陆续出现了复古思潮，从此整个欧洲兴起了一股考古热潮，包括庞贝城的发现、古埃及法老墓的发掘等。但是真正出现接近今天意义上的保护是 19 世纪以后，其原因一方面是因为工业革命使社会生产力产生了革命性的变化，出现了新的建筑材料和工艺，取代了旧有的建造方式；同时也出现了新的功能和建筑类型，使得以往的许多建筑形式和技术成为历史，甚至其使用价值也越来越小，那些古代伟大建筑遗迹逐渐成为石头的史书，它的历史价值逐渐受到人们的重视。另一方面，由于工业革命带来的环境污染问题，直接导致了社会环境保护运动的出现，环保运动使得人们重新审视自己的行为，重新看待自己的历史对今天的借鉴作用。

19 世纪上半叶末期的欧洲，历史建筑保护理念的核心思想在新的史学意识以及随之而来的对文化多样性的认识中得以萌芽。西方的历史建筑保护思想源于欧洲 19 世纪初的文物修复工作。

1837 年，法国首先设立了文物修复工作的权威机构——历史文物委员会。委员会制定了忠实于原状的修复方针，认为任何修复工作都应该在对建筑全面调查分析的基础上进行，只有对原有样式证据确凿之后，才能对失去或损坏的部分进行修复。然而在实际工作中，许多建筑师并没有遵循以上的原则，而是时常改变古建筑的原有风格，甚至依据考古学知识将古建筑擅自修复到自己认为的理想状态，而这种理想状态实际上完全取决于建筑师的主观意见，这使得欧洲大陆的大批文物一直在科学的外表下遭受着建设性的破坏。

19 世纪中叶，英国新艺术运动的创始人拉斯金（John Ruskin）和莫里斯（William Morris）认识到当时修复工作的弊病，开始寻求更为正确的保护办法。1877 年，莫里斯成立了一个古建筑保护协会（The Society for the Protection of Ancient Building）。在协会成立宣言中写到："为了所有的建筑，所有时代和风格的建筑，我们恳请并要求所有和它们有关的人们用保护（Protection）代替修复（Restoration）……以阻止在建筑尚存时对其主体和装饰进行一切篡改……总之，要把我们的古代建筑看作是一个过去时代的纪念物，它由过去的方式创作出来，近代艺术不可能插手其中而不使它遭受破坏。"莫里斯指出，对古建筑最有效的方法是保持它们在物质上的真实性，任何必需的修缮或修复决不可使历史失真。

19 世纪后半叶到 20 世纪初，在英法等国理论的基础上，一个更强调客观存在的意大利学派兴起了。他们强调文物建筑具有多方面的价值，要求进行全面的保护；反对修缮工作中的主观臆断；充分尊重文物建筑的现状以及在历史过程中获得的一切变化和添加的内容，仅对文物古迹进行必要的加固和修缮，并使后加内容跟原迹有所区别等。这些观点使文物保护和修复工作无论从理论上，还是在实践上，都提高到一个新的高度。

在这种背景下，欧洲的文物建筑保护逐步形成了以法国派、英国派、意大利派等不同的保护观念，它们之间既互相否定又互相借鉴、融合，最后逐渐形成了以意大利为代表的，以强调文物建筑历史价值为特征的文物建筑保护观念。成立了国际博物馆管理局、国际现代建筑协会、国际古迹遗址理事会、国际文物工作者理事会等历史建筑保护的组织和机构，并先后诞生了《雅典宪章》、《威尼斯宪章》、《世界遗产保护公约》、《佛罗伦萨宪章》、《奈良文件》等一系列约束和促进国际保护运动的纲领性文件。其中《威尼斯宪章》是保护理论的划时代和集大成者，是四十多年来指导保护工作最权威的原则纲要；《世界遗产保护公约》则是以联合国为平台把遗产的保护上升为世界人类的共同目标，极大地促进了保护工作的全面发展以及保护意识的全面提高；《奈良文件》是立足不同于欧洲的文化背景上，对《威尼斯宪章》单一文化背景导致的普适性不足的问题进行了修正和补充，提出要在尊重文化多样性前提下进行遗产保护的价值判断。

2.1.2 欧洲历史建筑保护和修复流派的观点分析

在欧洲，文物建筑保护成为一门专业科学，是从19世纪中叶才开始的。而理论的先锋主要出现在法国、英国和意大利等历史遗产丰富的国家，他们各自的观点在发展中互相兴替，反映了早期文物保护理论在欧洲的形成过程。在19世纪下半叶，形成了法国学派和英国学派，20世纪前半叶形成了意大利学派。《威尼斯宪章》则是以意大利学派的主要观点为基础，是对欧洲文物建筑保护理念和原则的历史总结。之后，也逐渐被世界其他地区的国家所理解和发展，成为具有历史意义的国际公认的关于文物建筑保护的权威性文件。

2.1.2.1 风格式修复

法国是较早开始注重遗产保护的国家，其渊源可追溯到18世纪末法国大革命中对古建筑的保护。18世纪末叶，法国国家委员会没收了国王、修道院和许多贵族的财产，为了加以保护，于1794年大革命年代的法国国民公会发布文件，建立了第一批保护措施，这可以视为现代保护立法的基础。随后，在19世纪最初10年，人们出于对中世纪建筑，尤其是哥特建筑的兴趣，开始了相当随意的第一批修复工程。1830年法国成立了世界第一个建筑保护与修复研究机构历史建筑管理局（National Commission for Historical Monuments and Prosper Merimee），其创始人是基佐（Guizot），并由维奥莱·勒·杜克（图2-1）担任首席建筑顾问。在该机构的带动下，1840年法国颁布了《历史建筑法案》，这是世界上最早的一部关于历史建筑保护方面的法典。1835年浪漫主义作家梅里美（Merimee）当了法国文物建筑总监，1840年维奥莱·勒·杜克作为第一个努力建立文物建筑保护理论的法国派奠基人，登上了舞台。在此之后的二三十年，梅里美和杜克制定了"风格修复"的方针。

图 2-1　维奥莱·勒·杜克

图 2-2　巴黎圣母院

奥莱·勒·杜克（EugeneViollet-le-Duc 1814-1879），法国风格式修复的领军人物，不仅是理论家、教育家，还是实践者。他领衔完成了诸多影响深远的大型工程，如亚眠大教堂、兰斯大教堂、巴黎圣母院（图 2-2）等等。实际上，他在当时已经成为修复运动的象征。

风格式修复是修缮性建筑更新理论的开端，这一套系统的修复理论主要是针对哥特建筑的修复。该理论思想影响欧洲两个多世纪，这一修复理念直至今天也有其合理之处，被我国大量的相关修复工程所采用。杜克在其 1866 年出版的《字典》中提出并定义了"修复"：

"修复"是现代的术语，也是现代才有的行为。对建筑进行修复，并不是指对其进行保护修缮或重建，而是要对其进行完善，把这座建筑修复到也许从不曾存在的，但风格十分完整的状态。

修复的主要原则是：每一座建筑和建筑的每一部分，都应以其自身的风格予以修复，不仅注重外观，而且包括结构。具体包含以下四个观点：

1）修复文物建筑要追求艺术完美，风格统一；

2）不仅要有外部风格的修复，也要有内部结构的修复；

3）修复要建立在科学研究的基础上，要根据具体情况办事，而不应该采取绝对化的原则；

4）要适应当代的功能要求，使文物建筑有生命力。

其中第一条原则被他们发挥得淋漓尽致，他们在修一座建筑时，不是维持现状，不是基本的修缮，而是要把它复原到建筑建成时的完整状态，甚至这种"完整"只是他们对事实的杜撰。"修复一个建筑，并不仅仅就是对它进行保护、修葺和重组，而是在完整的状态中，重新建构甚至在其历史中从来没有存在的东西。" 1864 年，杜克完成了巴黎圣母院的修复工程，他把原来 13 世纪的窗子换成了他设计的 12 世纪的样式，去掉和改动了 17、18 世纪的壁画和装饰，而根据现存巴黎中世纪博物馆的这些雕塑原件的残片来判断，他的设计跟原状有很大距离。他甚至还重建了在教堂拉丁十字交叉的地方矗立的尖塔，这个尖塔本来在法国大革命时期被毁，是他根据理想的状态加上去的。用杜克自己的解释即："设想自己处于原始建筑师的位置上，设想他如果回到这个世界，面对这幢建筑，他会怎么做。"

这种方法在法国风行一时，并且传入其他欧洲国家如英国、德国、意大利等。在其他国家的实践引起了各界对于历史建筑保护的争论，对历史建筑的关注被提到了前所未有的高度。

用这种方法来进行修复设计，倒是方便许多，但这种修复存在的问题也颇多。很多历史建筑和古迹曾在历代不断地被增减变化。"可能的原貌"具体是哪个时期的形式呢？而对那些时代久远的残缺古迹，今天的人们更是无法知道它们在历史上的确切形式。许多损毁的建筑部位是根据当时的风格特征以及零碎证据加以重新设计建造的，以期达到理想化修复的目的。因此，它后来也被持不同意见者称之为破坏性修复。这种对历史建筑简单而又极端的修复方法，时至今日仍然备受学术界的批判。到了 20 世纪中叶，特别是《威尼斯宪章》被普遍接受之后，法国学派的做法一般被认为实际上使欧洲大量文物建筑蒙受了重大的损失。同时也不难发现，风格性修复的一些原则和对待古代建筑的态度也一直延续，至今还有很大的影响力。从这个意义上来说，风格性修复是建筑更新学术发展的一个源头，也是该领域中各种学术纷争矛盾的起始点，它的理论内涵和学术价值对解释现阶段纷繁复杂的各种修复理论和实践有着重要的意义。

2.1.2.2 "反修复运动"

"修复狂潮"主宰了19世纪下半叶的整个欧洲大陆，大量历史建筑的"原真性"遭到了不同程度破坏。针对它的反对思潮也随之而来，英格兰开始了新的一场关于保护与修复历史建筑（尤其是中世纪教堂）的辩论。辩论将人们分成相互对立的两组：主张修复者与反对修复者。这场辩论使历史建筑的保护原则逐渐趋于清晰。从一般观点来审视辩论双方，他们似乎存在许多共同点。主要的不同意见是在对"客观实体"（object）的定义上，主张修复者主要关注的是忠实的"恢复"，如果必要，还应重建早期的建筑风格。同时，他们还强调实际和功用的方面。反对修复者对"历史时间"（Historic Time）甚为关注，并坚持认为每个客观实体或建筑物都有属于其自身的特定历史和文化背景，所以，在另一时间背景下重新创造出具有同等重要意义的建筑物是不可能的。而惟一可能的任务就是保护和保存原有客观实体的真实材料，因为这些终究是文化遗产的组成实质。最终以英国为首的反对派力量占据上风，形成了一场由约翰·拉斯金（图2-3）和威廉·莫里斯（图2-4）领导的轰轰烈烈的"反修复运动"。

19世纪中叶，由约翰·拉斯金所领衔的批评浪潮，正是直指当时的风格式修复。他在名著《建筑七灯》里针锋相对地写道："无论是公众，还是那些照料公共建筑古迹者，都没能理解修复（Restoration）一词的真正含义。它意味着一座建筑物能够遭受的最彻底的破坏：在这场破坏中，任何东西都荡然无存……就像无法让死人复活一样，建筑中曾经伟大或美丽的东西都不可能被修复。"他否定修复，认为一切修复都只能是造出一些没有意义的假东西，而主张古建筑的真实性在于保持其历经沧桑的所有痕迹，只要加强经常性的维护即可。

以拉斯金为代表的文物建筑保护的学派被称为英国派，这一派稍后的代表人物是作家、美术家莫里斯（William Morris）。1877年，莫里斯创立了英国第一个全国性的文物建筑保护组织"文物建筑保护协会"。莫里斯强调由于工业革命和随之产生的社会变革已打断了历史延续性，故最有效的保护方法应是保持它在物质上的真实性，在成立宣言中，他们提出："我们恳请并要求和它们有关的人们用保护（Protection）来代替修复（Restoration），经由日常维护来防止衰败，并阻止在建筑尚存时组织纹理和装饰进行一切篡改。"英格兰古建筑保护协会（SPAR）建立以后，莫里斯起草协会《纲领》，该纲领认为现代修复工程是一种任意武断的做法，对其进行了强烈谴责。古代建筑，无论是艺术的、如画的、历史的、古旧的或是丰富的，简言之，任何一个受过艺术教育的人都知道它们具有毋庸置疑的宝贵价值，古代建筑及其所经历的各种改变和添建应被视为一个整体。我们的目标就是要保护它们的物质存在，并将哲学有益的、珍贵的文物传递给后人。该纲领成为现代保护政策的重要基础。在评价历史建筑的时候，存在两个需要考虑的基本事项：首先，保护不再被限制为对具体建筑风格的保护，而是建立在对现存建筑原材料精确评估的基础之上；其次，一个古代纪念性建筑，只要在原始构件未被扰动并原址保存的时候，才能代表某一个历史时期，任何试图修复或复原的做法，都必然导致真实性的损失和赝品的产生。英格兰古建筑保护协会（SPAB）的指导方针就是"保护性修缮"，以及通过日常维护保养以延缓劣化。

《文物保护协会成立宣言》可以看做是英国派的纲派。它的主要论点归纳起来是：

（1）修复古建筑是根本不可能的，所谓修复，就是把古建筑的历史面貌破坏掉，使古建筑成为一个毫无生命的假古董；

（2）要用"保护"代替"修复"，保护古建筑身上的全部历史信息，用经常的维护来防止它们的败坏；

（3）为了加固或遮盖而用的措施，都要易于识别，绝不篡改古建筑的本体和装饰。

图 2-3　约翰·拉斯金

图 2-4　威廉·莫里斯

约翰·拉斯金（John Ruskin1819-1900），英国著名的建筑保守主义者、作家、艺术家及艺术评论家。其最大的成就便是启发了英国古建筑保护协会（Society for protection of Ancient Buildings）的成立。拉斯金有一套完整的反修复观点。在 1849《建筑七灯》（The Seven Lamps of Architecture）和 1853《威尼斯之石》（The Stones of Venice）两本著作中部分提出并论述了关于建筑与城市保护独特理论。在《建筑七灯》第六章的"记忆之灯"中，拉斯金写道，建筑的第六种精神便是"记忆"，而且这种"记忆"并不属于某个特定年代，而是属于建筑存在历程中所有与其有关的人。"当社会的建筑只能让一代人使用时，那这些建筑就是这个民族邪恶的象征。"一个民族对其建筑建造有着两大义务："首先是要让当前的建筑成为历史；其次是让过去的建筑成为珍贵的遗产并加以保护"。

从上述摘录中充分可见拉斯金的保守主义修复观，他将"修复"比作恶魔："我们没有权力去触动过去遗留下来的建筑。他们不属于我们，他们部分属于建造他的人们，部分属于我们之后世世代代的人们。"今天看来，拉斯金这种保守主义建筑倾向略显偏激，但从当时的社会价值观取向看，是具有一定积极意义的。因为从客观逻辑来说，"纯粹的保护"的确是体现历史建筑"原真性"的准一做法，即便是最小程度的改动，也会对历史建筑的原物质遗造成破坏。

威廉·莫里斯（William Morris）（1834.3.24-1896.10.3），英国维多利亚时代的艺术设计家、作家、诗人和社会主义者，现代设计的先驱，现代设计之父，是新艺术运动的代表。他在 1877 年创立了古建筑保护协会（the society for the protection of ancient buildings，SPAR），同时也宣布了《保护宣言》，这是英国建筑保护学术发展的里程碑。虽然莫里斯不算是真正意义上的建筑师，但他对建筑的爱好持续终身，对建筑界的影响巨大。在建筑保护更新的问题上，他坚定地认为旧的就是旧的，新的就是新的。修复是对历史建筑的无情践踏。莫里斯在拉斯金观点的基础上提出了"保护性整修"（Conservation Repair）的概念，即建筑修复活动不应有既定风格，而是建立在对存量评估的基础上。模仿历史风格会造成古物真实性的消失，新旧应加以区别。所以，在莫里斯的影响下，古建筑保护协会的本质就是古建筑维修学会和反修复学会。

英国学派提出的文物观念，较法国的"风格修复"前进了一步，他们更注重文物建筑的历史价值，把文物建筑看做是历史的读本，认为历史所赋予文物建筑的所有印记都是有意义的。但是，他们过于消极地看待一切为了建筑物保持寿命和改变功能的变动，拉斯金和莫里斯都是文学家和鉴赏家，他们对建筑的热爱过多地沾染了当时浪漫主义的思绪，不综合理解文物建筑的历史和科学价值，不能以正确的科学态度采取恰当的措施，来把文物建筑传之久远。

在"反修复运动"兴起的19世纪60~70年代，通过威廉·莫里斯和古建筑保护协会的努力，拉斯金领导的保护运动传到了英格兰以外的广大地区，包括法国、希腊、意大利等。保护理念的诞生正是以这个批判运动为先导，逐渐成为被世人接受的保护历史建筑和艺术品的现代方法，同时也成为维护保养和保护性修缮政策的主要参照。

2.1.2.3 文献性修复

直至今日，意大利仍是历史建筑的"王国"，每年引来无数的游客，意大利人也因这些闻名于世的历史古迹而引以为荣。这些与意大利的古建筑修缮性更新学术贡献密切相关。意大利自古就有尊重历史文化的传统，曾于1890年成立了一个非营利性宣传组织——文化与建筑艺术社团。该组织的宗旨就是为了让民众能够深入认识历史建筑保护的重要意义。意大利在修缮性建筑更新领域的学术化起步并不是最早的，但其在该领域的学术成果举世瞩目，在国际上的影响无人能出其右。

在以法国为首的历史建筑的"修复浪潮"席卷整个欧洲的同时，以英国为首的"反修复"运动应运而生。在两股学术力量针锋相对的时候，意大利的建筑学者提出"中性"的综合理论。

意大利建筑保护理论带头人是卡米洛·波依托（Camillo Boito 1836-1914）（图2-5），他是意大利史上极负盛名的艺术评论家，艺术史学家，建筑工程师。米兰的斯卡拉广场马里诺宫（palazzo di Marino）（图2-6）修复工程便是其代表作。他首次在国际范围内提出了文献性修复理论。所谓语言文献式修复的理论，主要指对历史建筑的保护修复的态度上使用一种与语言学研究类似的历史学研究方法——"语言文献学方法"，该理论属于"风格性修复"与拉斯金反修复理论的中和理论，但更加偏向于拉斯金。波依托强调历史建筑之"使用经历"的重要性。他认为，一方面，要小心地对待改变。从过去存留至今的建筑物，不仅具有建筑研究价值，同时对于解释和说明不同年代不同人所经历历史的方方面面，都是重要的物证材料。因此应该对其持谨慎态度。任何不适当的改变都会误导人们对历史的推测。另一方面，又必须承认曾经发生过的变化。建筑无法永远停留在"初始时期"，所有后续变化都应被视为同等重要的历史性证据加以保护。在具体方法论上，他主张原作与新修部分材料的可识别性原则，任何琐碎的装饰部分、新修复部分都应该较之原作趋向于简化以便于辨识。在1883年罗马建筑师与土木工程师（the Ⅲ Conference of Architects and Civil Engineers of Rome）第三次会议上，波依托提出了文献性修复的7个原则：

图 2-5　卡米洛·波依托

图 2-6　马里诺宫

（1）区分建筑新旧元素之间的形式与风格；

（2）区分建筑新旧元素之间的材料；

（3）反对在新建筑中添加仿古元素；

（4）修复中移除的老建筑部件要在就近的场所展示；

（5）老建筑中添加的新元素要标示日期；

（6）用照片等形式记录描述改造更新过程；

（7）在修复更新工程旁立碑文描述工程概况并向公众展示。

波依托坚决地反对风格性修复的做法，认为这种做法是对历史建筑最大程度的破坏，无异于重建。然而，他也并不赞同拉斯金等人的保守主义观点，他认为"纯粹的保护"只会任由历史遗迹沦为废墟，而达不到真正意义上的历史建筑保护。他的理论在意大利风靡一时，一直到今天仍是意大利古建筑修复的理论根基。

波依托按照年代将建筑分为古物级、中世纪和自文艺复兴以来的现代建筑三类。第一类建筑具有卓著的考古学价值，第二类建筑具有画意风格的外观，第三类建筑具有建筑学之美。修复的目标应分别为："考古学修复"，"画意风格式修复"，"建筑学修复"。这样，在原则上将历史古迹看作是不同历史时期成就的叠加，这些不同时期的历史贡献都应该受到尊重。并体现在保护修复中，使其具备可辨识性。

2.1.2.4　历史性修复

在 19 世纪另一个修复性更新理论便是"历史性修复"。由意大利学者卢卡·贝尔特拉米（Luca Beltrami，1854-1933）提出。他是波依托的学生，以主持的一些历史建筑修复工程而出名，也被认为是意大利第一位现代保护建筑师。他的"历史性修复"理论可以说是波依托"文献性修复"理论与杜克"风格性修复"理论的中和。他既强调史料的真实性与可考性，又认同杜克关于修旧如旧的观点。不过他极力反对风格性修复那种建筑师自我臆造的手法，提出只有在史料完备的前提下才能进行建筑复原。贝尔特拉米认为，在尊重建筑的历史原真性基础上，可以在结构和材料上有所突破，无需拘泥于传统形式，力求在修复过程中体现新时代的精神。概括其理论特点如下：

（1）修复主要是为了恢复历史建筑的原貌；

（2）修复中可以使用当代新的材料和结构技术；

（3）他认为文献性修复的史料原真性，风格性修复的形式完整性，在实践中要糅合运用。

1902年7月4日威尼斯圣马可广场钟塔（图2-7）坍塌以后，贝尔特拉米被任命为负责该遗址检查工作委员会的成员。重建问题引起了激烈的讨论，甚至还引起了一些外国人的兴趣。不同观点的人们分成了两个激烈对立的阵营：支持复建的人和反对复建的人。米兰艺术学院为寻找该问题的现代解决办法，组织了一次竞赛，支持按照原来建筑式样复建钟楼的人们最后获胜。这个决定后来被证明是正确的，尤其因为它对威尼斯的城市景观有着重要的意义，同时也能与圣马可教堂相互呼应。复建精美的珊索维诺凉廊也是相当有必要的，因为它对威尼斯有着十分重要的象征意义。所有的原始建筑残片都被仔细收集起来，复建也是建立在现有文献档案基础上的。贝尔特拉米负责了第一项塔楼重建工程预备阶段的工作，但是他于1903年辞职。这座塔楼于1910年建成，采用钢筋混凝土结构，但是外墙没有用灰泥粉刷。此外，这次坍塌的直接影响是使人们立刻展开了对威尼斯所有重要建筑的调查，很多建筑在那时得到了临时性的加固。

图2-7　威尼斯圣马可广场钟塔

图2-8　米兰的斯弗尔查城堡

贝尔特拉米的项目中最为闻名的便是位于米兰的斯弗尔查城堡（Castello Sforzesco）（图2-8）修复，这是贝尔特拉米的代表作品。斯弗尔查城堡于1358～1368年建成，是伽雷阿佐·韦斯康帝（Galeazzo Visconti）二世时期。城堡于15世纪曾经被毁并重建。1521年城堡主塔又遭到雷击，将堡内25吨的炸药引爆。几个世纪以来，城堡经历了数次劫难，以至于在1880年破落不堪并一度被认为应该彻底拆毁它，但当局最终还是从历史角度考虑而未采纳这些意见。当时城堡修复工程的担子落到了建筑师卢卡·贝尔特拉米的身上。在这一工程中充分体现了他"历史性修复"的更新理念，将城堡正面的中心部分"Filarete"塔按照历史考证完全还原。他的还原设计是严格按照最早的历史方案进行的，据说考证了大量的史学资料并反复推敲。

2.1.2.5　科学性修复

1931 年，乔瓦诺尼（Giovannoni）改写并补充了波依托的理论。1933 年，由国际联盟倡议成立的"智力合作所"在雅典召开了国际会议，通过了以乔瓦诺尼的文章为基础的关于文物建筑修缮与保护的《雅典宪章》，意大利学派开始得到国际的公认。到 20 世纪 30 年代后期提出了"科学性修复（restauroseientifieo）理论"。

乔瓦诺尼（Giovannoni 1873-1947），波依托的学生，意大利工程师，"科学性修复"的代表人物。主导了许多历史建筑的复原与维修，更在 1913 年所发表的《城市规划与古城》和 1931 年所撰述的《城镇规划与古城》中，提出了"城市遗产"的概念，进而深深地影响了日后文化遗产的论述。

与波依托的文献性修复不同的是，波依托把建筑遗产和它身上的历史痕迹都看做历史性的记载，容不得对它的任何改变，而乔瓦诺尼则认为保护建筑遗产不仅是为了学术研究，比如历史研究，更重要的是为了建筑的艺术，为了生活的继续，更是为了市民们的心理感受。

所以乔瓦诺尼把建筑保护置于广阔的社会时代背景中，看待问题的角度更深广，解决问题的思路也就不局限于建筑修复本身。例如，他不同意将古镇老城当成历史博物馆，认为在遗产保护价值与现实使用价值之间，应当存在着利益关系的某种平衡。他否定对建筑遗产进行任何附加创造的干涉，认为保护一般性的住宅类历史建筑要比保护珍宝性的公共类历史建筑更为重要。因为，前者留存的人的活动痕迹更多，对人的现实和未来生活影响更大。他强调保护与修复当中对建筑遗产的历史性、真实性、艺术性和实用性以及对其所采取的干预手段之间要有合理的协调。针对建筑遗产现状不同的情况，乔瓦诺尼将历史建筑修复工作的类型分为四类：

（1）加固，就是使修复后的建筑现状更牢固、安全和耐久；

（2）剥离，即剥除后人增添的伪饰和毫无意义的附加物；

（3）解析，这是乔瓦诺尼的科学性修复理论核心，也是他最推崇的工法流程，其基本方法是维持建筑原始结构与材料的基本特性，按历史演进层理中最合理的材料和形式进行修复；

（4）复原，在谨慎考证和系统研究建筑构造的基础上，对其肌体进行增补创新，以求完善建筑遗产的生命形式与质量。

其中，乔瓦诺尼提出"形象解析（anastylosis）"的概念，是指采用最可能的附加物，重新组合那些现存的支离破碎建筑构件。这些附加物的材料特性，应当是中性的，它们对保护对象整体所造成的依赖程度应为最小。这里说的"中性附加物"是指现代建材与技术工艺，它们应被视为总体组合的一个构件，而不是一种装点。这种"中性附加物"的修复原则，为建筑遗产修复利用过程中如何新旧共存，开辟了新的道路。此后的建筑遗产保护方案，大量采用了以玻璃、金属等现代材料工艺，现代建筑的形体构成，也作为中性附加物的延伸，介入到建筑遗产的再利用中。在某种意义上，贝聿铭为巴黎卢浮宫所做的玻璃金字塔，就体现了"中性附加物"的建筑遗产保护理念。

2.1.2.6 评价性修复

1945 年第二次世界大战结束后,欧洲面对战争的巨大破坏,开始了对被破坏的城市和历史建筑的修复高潮。在这个时期,以文献性修复和科学性修复的理论虽然占了上风,但是那种把建筑上的增补都视为具有文献价值的观点,在实践中却也面临着因为过于严苛而导致操作性的降低,并且有时候叠加和增补是如此的杂乱,必然会导致历史建筑的艺术价值被蒙蔽。所以,不管是何种程度,对历史建筑艺术、审美价值的追求又自然而然引起人们的反思,这就是评价性修复(Restaurocritico)理论提出的背景。这个理论的倡导者之一,就是著名的艺术史学家兼评论家朱利奥·卡罗·阿尔甘(Giulio carlo Argan)。阿尔甘认为:文物建筑保护与修复的科学性不仅反映在技艺水平上,更重要的是表现在对历史和技术的理解力和敏感性上。进一步理解为:一座文物建筑犹如一个原始文本,判断这个文本的好与坏,要看它能否提供或显现清晰的、历史的、可读懂的章节,倘如那些基于史实和考证所做出的章节仍是杂乱无序,甚至难以理解的话,那就不能认为是一个处理得当的文本。他的这个观点后来被引申为是一种历史文脉和延续性。

评价性修复理论另外的倡导者包括:意大利建筑保护和修复评论家那波里大学教授罗贝尔托·帕耐(Roberto Pane),以及联合国教科文组织专家、罗马大学教授、作家、艺术评论家切沙雷·勃兰迪(Cesare Brandi),他们在各自的理论研究和实践积累的基础上,发展了评价性修复的基本思想:

(1)修复即以传承后代为目的,在保证作品的物理特性中,在作品审美与历史的双极性中,从方法论的角度对作品进行的一次确认;

(2)能修复的是艺术作品的材质部分,而修复材质的目的在于重建作品潜在的整体性,但以它不成为艺术或历史的赝品为前提,不取消它在时间中形成的痕迹;

(3)历史建筑由于时间的作用,变成了一个散乱的文本,只有通过对它的整理,恢复文本原来那些有意义的章节,才能显示出其价值和魅力,修复之后的历史建筑的章节不能是杂乱无章和难以读懂的;

(4)后来的增补保留与否不能一概而论,修复要保证艺术价值的统一性,不能简单将其视为残片的总和,强调要通过修复而不是再造来表现建筑的统一性,它应该有近距离观察的可辩性、远距离观察的和谐性;

(5)修复不应排斥各种手法,主要考察它们是否与建筑物相得益彰;

(6)应以历史调查并记录详尽的档案为基础,通过正确的历史评价,对建筑的变化经历和艺术面貌,作全面判断,当史料与艺术难求两全时,审美价值往往更起到决定性作用。

尽管各位专家对评价性修复理论的思考与评价各有侧重,但是由于"评价"所必然带来的批判精神,造成了百家争鸣的理论格局,极大推进了人们对建筑遗产保护目的、原则、方法的探讨。所以它的影响,不仅仅局限在意大利,更广泛地扩大到整个欧洲乃至整个世界。总的来说,评价性修复的思想更多在于指导而不是示范,它的目的是要对建筑遗产保护中所涉及的历史、艺术、技术、材料、当代需求等等因素进行评判与整合。

纵观欧洲的建筑遗产保护过程,每种流派、每个理论的产生,都有特定的哲学和社会背景。而各理论流派也非决然相悖，其价值标准可以概括成两类：一类是注重建筑遗产的历史文献价值，另一类是注重建筑遗产的艺术与社会价值。而在两个价值目标之下，探讨出许多有意义的原则和方法，这是一个扬弃的过程，不是简单的对前面的否定，而是否定后的肯定与完善。在这些流派当中，意大利的建筑保护和修复理论占据了主导地位，意大利学派最主要的理论基本上可归纳为以下四大特征：

（1）古迹是文化史、社会史的见证，保护工作应该着眼于它的历史内涵和所有历史信息，而不仅是单单着眼于构图的完整和风格的纯正；

（2）历史建筑原有的、历史上被改动的、甚至缺失的部分，都是构成现存真实的重要部分，是文化的重要信息，应妥善保存一切历史信息，并使其脉络分明，清晰可辨；

（3）历史建筑损毁时，不应片面追求或创造不存在的伪历史元素，只有在这一前提下才能进而追求修复后建筑的完整性；

（4）为保证历史建筑修复后的整体性和功能可用性，可以添加新建筑元素，但新旧元素间必须能够明显区分开来，并保证新元素的添加不会对老元素造成破坏。

意大利的保护思想形成了之后著名的《威尼斯宪章》的理论基础，也奠定了现代文物建筑保护运动的理论基础，例如：《威尼斯宪章》中提到的"保护和修复文物建筑，既要当作历史见证物，也要当作艺术作品来保护"；"修复，是一件极其专业化的工作，它的目标是维护并显示这些文物具有的美学和历史价值，并以尊重原有材料和可靠文献为基础"；"要尊重文物建筑在它存在的全部时期所获得的一切，因为单单风格的统一，并不是修复的目的"。这些观点均继承了意大利的保护观点，并在此后一直主导着世界保护的理论和实践活动。

2.1.3 欧美国家历史建筑保护法规的初步建立

19 世纪末至 20 世纪初的一段时间内，欧美国家几乎在同一个时间段里相继出台了针对历史建筑保护的法律性章程。这标志着历史建筑保护运动的最高成效，其社会影响力已经由民间或学术性组织行为上升到国家干预行为。实际上，自 19 世纪至今的欧美国家虽然一直强调天赋人权的民主价值，但本质上国家利益始终是凌驾于一切权利之上的，建筑更新及保护领域也不例外。自英国 19 世纪中叶开始的欧洲历史建筑保护运动以来，无论是专政势力还是以资产阶级为代表的主流政治力量，都不断地渗入到这一运动中来，其目的是实现建筑遗产这一概念价值的社会化和国家化，从而在社会上形成一种"官方记忆"来强化国家意识。

2.1.3.1 法国

历史建筑管理局成立不久后法国共和派力量打垮了波拿巴家族，建立法兰西共和国。在法国文物建筑委员会的不懈努力下，时隔 40 年后，法国于 1887 年又颁布了《纪念物保护法》。该法明确重申了作为法国文化遗产的传统建筑的保护范围和标准，将收入名册的历史建筑称为文物建筑，并组建了一个由专业致力于文物保护方面建筑师组成的古建筑管理委员会，负责具体的选定及保护工作。《纪念物保护法》有两个重要规定：一是首次提出神圣的私有权利可以受到限制，以保证国家权利；二是强调历史建筑周边环境也同样需要保护。

法国现代文物建筑保护法律体系的核心形成于 1913 年，其标志是《历史纪念物法》

的颁布。《历史纪念物法》是法国历史上第一部保护文化遗产的现代化法律。根据这一法律，法国相继确定了一系列的重要历史建筑保护与更新的政府保护清单，一旦列入名单，所有修缮必须经过文化部门批准。该法明确规定了国家保护的权力，从而限制了房主的部分权利，还规定了房主有对其进行维修的责任。不论公物或私产，一旦被历史建筑管理局认定为历史建筑就不得再拆毁，对其维修费用将由政府资助一部分或全部。同时维修要在"国家建筑师"的指导下进行。待建建筑必须与老建筑保持协调，并进行建筑与周边环境协调方案的研究，否则将不被批准。《历史纪念物法》在法国历史建筑保护史上具有里程碑意义，它奠定了法国 20 世纪以来历史纪念物保护的法律基础，虽经多次修订，但一直沿用至今。

继《历史纪念物法》之后，1943 年又出台了《文物建筑周边环境法》。其实《历史纪念物法》中就提到文物建筑周边环境的保护问题，但由于缺少具体要求，因此该条并没有被有效执行。《文物建筑周边环境法》则严格规定，文物建筑周边 500 米内环境予以保留。从而实现了严格意义上的历史建筑周边保护。

从历史上看，法国对文物建筑的立法以及执法十分严格，但也许是法国特有的浪漫主义情怀使然，其历史建筑保护与修复方式却很灵活，有的是整体保护，有的是部分修复更新，有的是外立面不变而在内部进行了现代化改造，因此一些 16、17 世纪的老房子至今还是普通的民宅，可以舒适地住人。

2.1.3.2 英国

英国在 16~17 世纪的宗教大动荡中破坏了很多历史建筑，其中大部分是修道院。这些老建筑在后世并未修复，直到 18 世纪以后这些古迹才得到一定程度的重视，并原样保护起来，成为一种遗产保护的废墟景观。因此在 19 世纪英国资产阶级政治政权稳定后，同时也在古建筑保护协会的促动下，英国于 1882 年出台了《古迹保护法》（Ancient Monuments Act），这也是英国的第一部历史建筑保护及更新方面的法规。该法规定无人居住的遗构及遗址应由国家收购或由国家监督，第一批保护名单首次明确指定 68 项受国家管理的古迹，随后数量逐渐增多。到 1890 年该法的修正案将其保护内容扩大到住宅、庄园等诸多具有同样历史意义的建筑。

继《古迹保护法》之后，英国三大知名慈善家于 1895 年发起了"国家信托"（National Trust），1907 年英国议会授予"国家信托"特别权力，负责管理英国景观优美的乡村及海岸线、历史建筑古迹的保护。"国家信托"目前是英国最具规模和权威的遗产保护组织。除了"国家信托"之外，目前还有"市民信托"和"国家纪念基金与遗产彩票基金"两项慈善机构参与历史建筑遗产保护。不难发现，英国建筑遗产保护工作主要由慈善机构运行，国家提供法律性支持。

同时，英国还一向重视建筑技术的运用。正如前文所述，在传统师徒体制的影响下，修缮性建筑更新领域亦是秉持"技术至上"的宗旨。1913 年英国颁布的《古建筑加固和改善法》及 1931 年《古建筑加固和改善法修正案》中及时地对 20 世纪初期的新型建筑修复技术进行了系统地介绍和总结，并以法律形式加以规范。由此可见英国对于历史建筑修复的务实与认真精神。

2.1.3.3 美国

美国历史建筑保护立法工作的起步要比欧洲晚。直到 1906 年美国才颁布相关的第一套法律：《古物保护法》(Antiquities Act)，该法虽然主旨在于禁止文物倒卖，但却首次将重要历史建筑以文物的形式提出保护要求：对于在联邦政府控制的土地上的所有历史遗迹和历史建筑以及历史物品，要禁止一切未经许可的挖掘和破坏。同时规定总统有权利界定历史古迹、历史建筑以及历史文物等为国家纪念物。值得注意的是，该法律仅适用于联邦土地，而对大量的私有土地缺乏约束力。尽管如此，该法对后续相关立法的影响十分深远。十年之后，美国国家公园组织 (National Park Service) 于 1916 年成立，其机构核心任务是管理由联邦政府界定为国家公园、纪念地、保留场所的土地。实际上该组织管理范围相当广泛，之后甚至出版了第一部专业的历史建筑保护和修复导则，并对建筑遗产修复中的一些问题进行了总结。

1929～1939 年美国的经济大萧条时期，整个国家的建设基本停滞，而这一时期却恰好成了美国建筑学术界对过去历史建筑保护及更新成果总结的绝佳时机。1933 年美国历史建筑测绘机制开始运行，政府雇用大量失业的建筑师对现有历史建筑进行测绘活动。通过大量的测绘，美国政府进一步认识到了历史建筑的重要价值。在《古物保护法》的基础上于 1935 年再次通过了《历史古迹法》(Historic Site Act)，该法规定除了要对美国现有历史建筑遗产进行测绘研究外，还要对国家公园所拥有的历史遗产进行分类研究。那些私人拥有的，不在国家公园组织获取计划之内的一些具有重要意义的财产也要被列入国家历史遗产登记 (National Historic Landmarks)，该登记系统成为美国国家历史场所登录制度《National Register of Historic Places》的源头。

2.1.4　国际合作促进历史建筑保护的发展

1926 年，国际联盟知识合作委员会成立了国际博物馆管理局 (IMC)，成为第一个关注文物建筑保护的国际组织。

1931 年，IMC 召开了第一届历史性纪念物建筑师与技师国际会议，会议通过了《有关历史性纪念物修复的雅典宪章》，该宪章详尽阐述了关于历史性建筑物修复的行政立法、国际协作、保护技术等问题，并指出"应注意对历史古迹周边地区的保护"。1964 年 5 月 31 日，该组织第二次会议通过了《威尼斯宪章》。《威尼斯宪章》的诞生是遗产保护运动发展中的一个里程碑，标志着遗产保护运动步入成熟并受到国际范围内的普遍重视。同时，该组织于 1965 年在联合国教科文组织协助下发展成立国际古迹遗址理事会 (ICOMOS)，成为古迹遗址保护和修复领域唯一的国际非政府组织，在国际遗产保护方面起到了积极的推进作用。

此外，成立于 1946 年的联合国教科文组织 (UNESCO) 宗旨是促进教育、科学及文化方面的国际合作，以利于各国人民之间的相互了解，维护世界和平，在遗产保护国际合作方面也起到了举足轻重的作用。1976 年 11 月，在联合国教科文组织内，建立了文化遗产和自然遗产的保护委员会，即世界遗产委员会，主要开展《世界遗产名录》的确定及监督工作。

自 1931 年至今，已经形成并颁布了 30 多项国际文件，参见表 2-1。

从历史建筑保护的理论发展过程可以发现，历史建筑保护内涵的不断扩展已是一大趋势。国际上对于建筑遗产的保护逐渐以单体纪念物性的建筑角度向历史环境、人文环境的综合角度扩展。

关于文化遗产保护的国际文件一览表 表 2-1

序号	文件名称(简称)	通过机构	通过时间、地点
1	《修复历史性文物建筑的雅典宪章》(《雅典宪章》) (The Athens Charter for the Restoration of Historic Monuments,1931)	第一届历史古迹建筑师及技术专家国际会议	1931年,希腊,雅典
2	《武装冲突情况下保护文化财产公约》(《1954年海牙公约》) (The 1954 Hague Convention for the Protection of Cultural protection in the Event of Armed Conflict)	联合国教科文组织	1954年5月,荷兰,海牙
3	《关于保护景观和遗址风貌与特性的建议》 (Recommendation Concerning the Safeguarding of the Beauty and Character of Landscapes and Sites 1962)	联合国教科文组织	1962年12月,法国,巴黎
4	《国际古迹保护与修复宪章》(《威尼斯宪章》) (International Charter for the Conservation and Restoration of Monuments and Sites)(The Venice Charter-1964)	第二届历史古迹建筑师及技术专家国际会议	1964年5月,意大利,威尼斯
5	《关于保护受到公共或私人工程危害的文化财产的建议》 (Recommendation Concerning the Preservation of Cultural Property Endangered by Public or Private works)	联合国教科文组织	1968年11月,法国,巴黎
6	《保护考古遗产的欧洲公约》	欧洲议会	1969年5月,英国,伦敦
7	《保护世界文化和自然遗产公约》(《世界遗产公约》) (The Convention Concerning the Protection of the World Cultural and Natural Heritage)(The World Heritage Convention)	联合国教科文组织	1972年11月,法国,巴黎
8	《实施世界遗产公约操作指南》 (Operational Guidelines for the Implementation of the World Heritage Convention)	联合国教科文组织	1987年至今在不断修订
9	《关于在国家一级保护文化和自然遗产的建议》 (Recommendation Concerning the Protection,at National Level,of the Cultural and Natural Heritage)	联合国教科文组织	1972年11月,法国,巴黎
10	《阿姆斯特丹宣言》 (Declaration of Amsterdam)	欧洲议会、欧洲建筑遗产大会	1975年10月,荷兰,阿姆斯特丹
11	《建筑遗产欧洲宪章》 (European Charter of the Architectural Heritage)	欧洲议会、欧洲建筑遗产大会	1975年10月,荷兰,阿姆斯特丹
12	《美洲国家保护考古、历史及艺术遗产公约》(《圣萨瓦尔多公约》)	美洲国家组织	1976年6月,萨尔瓦多,圣萨瓦多
13	《关于历史地区的保护及其当代作用的建议》(《内罗毕建议》) (Recommendation Concerning the Safeguarding and Contemporary Role of Historic Areas)	联合国教科文组织	1976年11月,肯尼亚,内罗毕
14	《关于有文化意义的场所保护的国际古迹遗址理事会澳大利亚宪章》(《巴拉宪章》) (The Australia ICOMOS Charter for the Conservation of Places of Cultural Significance)(The Burra Charter)	国际古迹遗址理事会澳大利亚委员会	1979年8月,澳大利亚,巴拉(1981年、1988年、1999年修订)

序号	文件名称(简称)	通过机构	通过时间、地点
15	《魁北克遗产保护宪章》 (Charter for the Preservation of Quebec's Heritage)	国际古迹遗址理事会、加拿大法语委员会魁北克古迹遗址理事会	1982 年
16	《佛罗伦萨宪章》 (The Florence Charter)	国际古迹遗址理事会与国际景观建筑师联盟	1982 年 12 月,意大利,佛罗伦萨
17	《文物建筑保护工作者的定义和专业》	国际博物馆理事会	1984 年 9 月,丹麦,哥本哈根
18	《保护历史城市与城市化地区的宪章》(《华盛顿宪章》) (Charter for the Conservation of Historic Towns and Urban Areas)	国际古迹遗址理事会	1987 年 10 月,美国,华盛顿
19	《关于考古遗产的保护和管理宪章》 (Charter for the Conservation of Historic Towns and Urban Areas)	国际古迹遗址理事会	1990 年 10 月,瑞士,洛桑
20	《关于真实性的奈良文献》(《奈良文献》) (The Nara Document on Authenticity 1994)	联合国教科文组织、国际文物保护与修复研究中心、国际古遗址理事会、世界遗产理事会	1994 年 11 月,日本,奈良
21	《关于水下文化遗产的保护与管理宪章》 (Charter on the Protection and Management of Underwater Cultural Heritage)	国际古迹遗址理事会	1996 年 10 月,保加利亚,索菲亚
22	《国际文化旅游宪章》 (International Cultural Tourism Charter(Managing Tourism at Places of Heritage Significance,1999))	国际古迹遗址理事会	1999 年 10 月,墨西哥,墨西哥城
23	《关于乡土建筑遗产的宪章》 (Charter on the Built Vernacular Heritage)	国际古迹遗址理事会	1999 年 10 月,墨西哥,墨西哥城
24	《木结构遗产保护规则》 (Principles for the Preservation of Historic Timber Structures)	国际古迹遗址理事会	1999 年 10 月,墨西哥,墨西哥城
25	《关于亚洲的最佳保护实践的会安议定书》(《会安议定书》) (Hoi An Protocols for Best Conservation Practice in Asia-Professional Guidelines for Assuring and Preserving the Authenticity of Heritage Site in the Context of the Cultural of Asia)	联合国教科文组织	2001 年 3 月,越南,会安
26	《世界文化多样性宣言》 (UNESCO Universal Declaration on Cultural Diversity)	联合国教科文组织	2001 年 11 月,法国,巴黎
27	《保护水下文化遗产公约》 (Convention on the Protection of the Underwater Cultural Heritage)	联合国教科文组织	2011 年 11 月,法国,巴黎
28	《关于工业遗产的下塔吉尔宪章》(《下塔吉尔宪章》) (The Nizhny Tagil Charter for the Industrial Heritage)	国际工业遗产保护联合会	2003 年 7 月,俄罗斯,下塔吉尔
29	《保护非物质文化遗产公约》 (The Convention Concerning the Protection of the Intangible Cultural Heritage)	联合国教科文组织	2003 年 10 月,法国,巴黎

序号	文件名称(简称)	通过机构	通过时间、地点
30	《保护具有历史意义的城市景观宣言》	联合国教科文组织	2005 年 10 月,法国,巴黎
31	《西安宣言——保护历史建筑、古遗产和历史地区的环境》(Xi'an Declaration on the Conservation of the Setting of Heritage Structures，Sites and Areas)	国际古迹遗址理事会	2005 年 10 月,中国,西安

2.2 我国历史建筑保护和修复的发展历程

我国的文化遗产保护工作起步较晚，再加上我国社会、经济发展水平所限以及文化传统方面的差异，对文化遗产的保护观念及力度都远远不及西方发达国家。当然不可否认，随着近年来各方面的努力，我国在文化遗产保护方面仍然还是取得了一定的发展，与国际的学术交流与合作日益频繁，同时积极参与到有关遗产保护的国际会议中，与其他国家或组织共同制定了一些重要的文件，例如《保护和发展历史城市国际合作苏州宣言（1998）》、《世界遗产青少年教育苏州宣言（2004）》、《北京文件（2007）》等。一些城市如北京、天津、上海等已经颁布了历史建筑保护的地方性法规，例如《北京历史文化名城保护条例（2005）》、《上海市历史文化风貌区和优秀历史建筑保护条例（2002）》、《天津市历史风貌建筑保护条例（2005）》等，在文物保护之外拓宽了历史建筑保护的范围和保护思路，相信随着我国对国际宪章的深入理解，并能结合实际国情，必能在文化遗产保护领域开辟新的思路，创造出适合我国国情的历史建筑保护与修复的成熟理论体系。

2.2.1 古代的保护和修复观念

从相关记载来看，我国古代存在着保护建筑的行为，主要是民间的一种自发行为，如民间百姓对一些古代的风景名胜建筑和宗教建筑以及古桥等等的维护，但是这种保护是出于延续建筑的使用寿命，一旦建筑结构的老化破坏到比较严重时，这种维护将变成重新修建。重建的建筑往往只是被冠以原来的名字，就被认为是原来建筑的替身，虽然新建筑无论从形式到时代风格上与它的前身相差甚远，但是古人们似乎并不重视这些因素，只有名字和它的故事就足够了。古人并不视实质存在的建筑物为证明历史的必需，因为建筑同所有事物一样都躲不过时间的淘汰，以此作为历史的证据并不是最可靠的。同时，人们重视的不是建筑本身的历史，而是建筑所营造出的场所特性，诸如叫什么地方、干什么用、代表着什么等等。所以在古人的观念中，反而是逐代相传的文字与口碑更能证明他们需要的那些历史。古人为了说明建筑所在场所的历史，只需在这个建筑重修时做一块碑记。所以建筑拆除了并不重要，只要名字在，那么这里依然古老。

更有甚者，古代社会在改朝换代之际，前朝的宫殿、衙署等常常被付之一炬，以示兴替。所以古代那些作为代表最高建筑技术、艺术成就的帝都、宫殿、甚至寺观经常在朝代的更替中被人为毁坏。而朝代更替又是如此频繁，所以今天留下的早期价值较高的建筑可谓凤毛麟角，徒剩"楚人一炬，可怜焦土"的哀叹。

所以说虽然中国人有着尚古、崇古的文化特点，但是古人并不存在今天的建筑保护的观念，即以实物的存在为前提的保护，而是对本体之外的意义和符号的保护。作为实体的建筑恰恰是可以被替换的，尤其是在群体组合为主的中国建筑群里，单体的变换更显得无足轻重，因为群体秩序才是营造的主要目的。换种说法，就是单体之间的关系比单体本身重要。例如北京故宫作为现存最大规模的宫殿建筑群，就是通过风格完全统一的木构大屋顶单体的组合而获得统治者所需要的森严的空间序列，而等级的展现更多是在建筑之间的庭院上得以阐释的，建筑单体本身更多是为院子的围合感和尺度感而存在。建筑空间除了功能之外，更要表现其被赋予的"礼制身份"，在这种制度异常稳定的社会背景下，针对实体"原物"的意义是被忽视的，因为它们的被替换不大会影响到建筑群体的"身份"价值。

2.2.2　近代历史建筑保护和修复发展

我国有自觉的文物建筑保护行为应该是在民国时期，由于西方保护观念和理论的传入，当时中国出现了一些保护活动，并成立保护研究机构，如民国 3 年（1914 年）在北平成立了古物陈列所，民国 11 年（1922 年）北京大学成立了考古研究所，而民国 18 年（1929 年）在北平成立了中国营造学社，将对古建筑的调查和保护工作推向了实质。以梁思成先生为代表的学者在其后的 20 世纪 30 年代进行了大量的实地调查，先后考察了山西、河北、河南、山东等 15 个省区 200 个县，对 2200 多处文物做了记录，发现了包括山西五台山佛光寺大殿（1937 年）、蓟县独乐寺观音阁（1932 年）等一批价值极高的古建筑，同时营造学社还对部分古建筑的保护修缮制定过计划，如北平的 13 座城楼、箭楼，北京故宫景山的万春亭，曲阜孔庙，杭州六和塔，南昌滕王阁等等。同时，营造学社还重印了《古建营造》、《园冶》等古代建筑典籍。

从他们的保护理论上来看，表现出与欧洲的保护理论有一定的衔接，如梁思成在《曲阜孔庙之建筑及其修葺计划》绪言中写道："但是今天我们的工作却不同了，我们须对各个时代之古建筑，负保存或恢复原状的责任；在设计以前须知道这座建筑物的年代，须知这年代间建筑物的特征；对于这建筑物，如见其有损毁处，须知其原因及其补救方法；须尽我们的理智，应用到这座建筑物本身上去，以求现存构物寿命最大限度的延长，不能像古人拆旧建新，于是这问题也就复杂多了。"这其中的观点是历史建筑的保护与修复的目的是保存或恢复建筑的原状，是使建筑的寿命和价值得到最大限度的延长，这与欧洲的意大利学派的观点比较接近，但是对于对后期叠加上去的历史信息的保留则持不同的态度，认为恢复到最有价值的原初状态最好，这与梁思成对传统建筑文化有着深厚的热爱之情，尤其偏爱代表中国鼎盛时期的唐、宋建筑风格不无关系。

从政府管理的方面看，在民国 19 年（1930 年），颁布了《古物保存法》，这是中华民国颁布的第一个文物法规，共 14 条。之后的 1931 年 7 月 3 日，国民政府行政院公布了《古物保存法施行细则》，共 19 条，并在 1932 年设立了中央古物保管委员会，制定了《中央古物保管委员会组织条例》，该委员会的成立标志着我国学术资料尤其是文物资料的保护逐渐朝制度化的方向迈进。虽然由于各种因素的限制，他们的工作并非一帆风顺，但该委员会在限制西方人在华的恣意考察和保护学术研究资料方面做了本身力所能及的工作。

但由于政局动荡，在这个时期没有形成一个长期稳定的管理体制，而且各地方政府也没有设置相应的文物管理专门机构，因此，在各地的各类大量文物基本上处于无人管理的状态，更没有精力去调查认定更多的文物建筑。至1937年日本侵华战争全面爆发，到后来的解放战争，民国政府无暇他顾，该法规在此期间形同虚设，基本没有得到执行。

抗战后期，为了使部队在进攻沦陷区时不破坏有重要价值的古建筑，国民政府教育部设置了"战区文物保存委员会"，并在梁思成先生为代表的营造学社多年调查整理的资料基础上，于1945年5月编制了中英文版的《战区文物保存委员会文物目录》，共计400处，并将目录中的建筑都在军用地图上标明位置，重要的还配有照片。抗战结束后，民国政府教育部清理战时文物损失委员会汇编了《中国战时文物损失数量及估价总目》，它先阐明中国损失的数量及其估计价值，然后按地区即分：南京、上海、浙江、江苏、河南、湖南、湖北、陕西、东北、安徽、河北、福建、广东及香港、广西、江西、其他各省等共17个省、市、区，分别记述其图书、文物、字画碑帖、古迹古建筑等的被掠夺和破坏的情况。该目录所列战时中国被劫遭毁公私文物，查明有据者计有3607074件又1870箱。还有古迹741处，类型包括寺庙、铸像、钟楼、碑塔、陵墓等。山东的章民、高密、海阳、邹平、菏泽、沂水等地，均是无庙不毁。沂水古塔，摧毁殆尽。山西境内的纯阳宫、大佛寺、三清殿、关帝庙、大禹庙等寺院，非劫即毁。

与此同时，共产党领导的解放区对文物保护工作采取了积极的措施，早在抗日战争时期就通过发布通知、布告、指示等方式对古代及革命文物倡议保护。1948年11月，解放军包围了北平，找到清华大学的梁思成先生提供一份古都的文物建筑名单，以免遭炮弹误伤。北平和平解放之后，梁思成先生又根据毛泽东、周恩来的指示编写了一本需要在解放战争中保护的全国重要古建筑名单，这就是1949年3月华北人民政府印发的《全国重要建筑文物简目》，简目按当时的省、市、县行政区建制，共收入22个省、市的重要古建筑和石窟、雕塑等文物465处，并加注了文物建筑的详细所在地、文物的性质种类、文物的创建或重修年代以及文物的价值和特殊意义，条理分明，简明扼要，便于查阅。

为了对特殊重要的文物建筑加强保护，简目将文物建筑分为4级，以圆圈作标志，用圈数多少表示其重要性。此种分级对待的原则为后来文物分级管理的办法提供了先例。编此简目的主要目的是供中国人民解放军作战及接管时，保护文物建筑之用。1949年3月，解放军全面进军前，该书以手刻油印本首次发至军中，1949年6月由华北高等教育委员会图书文物处再次铅印发行。1950年5月又由中央人民政府文化部文物局再次印行，普遍发给全国各级政府，在以后各省、市、自治区的文物普查和文物保护单位评定等级中起了积极的作用。并且此《简目》成为1961年3月国务院公布首批全国重点文物保护单位的基础资料。

2.2.3 新中国成立后历史建筑保护和修复发展概况

2.2.3.1 基础建设时期

1949年新中国成立以后，中华人民共和国政府就把文物保护工作列为文化事业的重要组成部分，在文化部下面设立了文物局，由郑振铎先生出任第一任文物局局长。同时在地方也设置了负责文物保护管理的专门行政机构，行使管理地方职能。如 1951 年由文化部和内务部等联合发布了有关行政管理的政府命令：《地方文物管理委员会暂行组织通则》、《关于名胜古迹管理的职责、权力分担的规定》、《关于保护地方文物名胜古迹的管理办法》。

同时针对以往战争中造成的大量文物被随意破坏，中央人民政府政务院首先颁布了阻止继续破坏文物，杜绝流失的法令和法规。1950 年，颁布了《古文化遗址及古墓葬之调查发掘暂行办法》和《中央人民政府政务院关于保护古文物建筑的指示》，提出"（一）凡全国各地具有历史价值及有关革命史实的文物建筑如：革命遗迹及古城郭、宫阙、关塞、堡垒、陵墓、楼台、书院、庙宇、园林、废墟、住宅、碑塔、雕塑、石刻等，以及上述各建筑物内之原有附属物，均应加以保护，严禁毁坏；（二）凡因事实需要不得不暂时利用者，应尽量保持旧观，经常加以保护，不得堆存容易燃烧及有爆炸性的危险物；（三）如确有必要拆除，或改建时，必须经由当地人民政府逐级呈报各大行政区文教主管机关批准后，始得动工……"基本上制止了长期以来文物保护的无政府状态。

之后根据在社会发展建设过程中出现的文物保护中的问题，政府又及时颁布了一系列的通知、规定。1953 年颁布了《在基本建设工程中关于保护历史及革命文物的指示》，1956 年发布了《在农业生产建设过程中关于文物保护的通知》。1956 年制定了《城市规划暂行管理办法》及 1958 年的《关于城市规划规则的通知》。在国家大规模的经济建设当中，加强文物建筑保护的实践工作，也同时提上了日程。如在 1952 年"三、五反"运动结束之后，就在这一年内开始的重点古建筑保护工程就有十多处，如河北隋代赵州桥、北京的八达岭长城、河北的山海关城楼、辽宁的沈阳故宫、吉林的农安塔、山西善化寺、应县木塔、崇福寺等等。

1961 年 3 月《文物保护单位保护管理暂行条例》颁布，同时发布了《国务院关于公布第一批全国重点文物保护单位名单的通知》，随后的 1963 年 4 月和 8 月文化部分别颁布了《文物保护单位保护管理暂行办法》和《革命纪念建筑、历史纪念建筑、古建筑、石窟寺修缮暂行管理办法》。它们是新中国成立以来关于文物保护颁布的第一套综合性行政法规，建立了针对重点文物保护单位的保护制度。

（1）要求对有价值的历史建筑进行登录："（《文物保护单位保护管理暂行条例》第四条）各级文化行政部门必须进行经常的文物调查工作，并且应当陆续选择重要的革命遗址、纪念建筑物、古建筑、石窟寺、石刻、古文化遗址、古墓葬等，根据它们的价值大小，按照下列程序确定为县（市）级文物保护单位或者省（自治区、直辖市）级文物保护单位……"

（2）要求划定文物建筑的保护范围："（《文物保护单位保护管理暂行办法》第三条）文物保护单位保护范围的划定，应根据文物保护单位的具体情况而定……"但是这些标准还不高，保护范围的划定仅仅是出于安全或使用方便，并无成片环境保护的概念，保护对象较为孤立。例如，"古建筑、纪念建筑物、石窟寺、石刻等，首先要注意确保它的安全，在文物保护单位周围一定距离的范围内划为安全保护区，禁止存放一切易燃品、爆炸品以及一切可能危害文物安全的活动。有些文物保护单位，需要保护周围环境的原状，或为欣赏参观保留条件……"

（3）提出了修缮保养的"不改变原状"的保护原则："（《暂行条例》第十一条）一切

核定为文物保护单位的纪念建筑物、古建筑、石窟寺、石刻、雕塑等（包括建筑物的附属物），在进行修缮、保养的时候，必须严格遵守恢复原状或者保存现状的原则，在保护范围内不得进行其他的建设工程。"虽然关于"原状"的外延不是很清楚，但是这个提法成为后来文物保护工作中的一个基本原则。

（4）在抢修加固中提出了类似于"最少干预"的概念："（《革命纪念建筑、历史纪念建筑、古建筑、石窟寺修缮暂行管理办法》第五条）抢救加固工程系指建筑物、石窟岩壁以及塑像、壁画等发生严重危险时，所进行的支顶、牵拉、挡堵等工程……抢救加固工程系临时性的措施，其目的在于保固延年，但应考虑到不妨碍以后的彻底修理修复工作，因此不宜采用浇铸式的固结措施。"虽然只是针对加固而言，但是其观念已经不逊于同期的《威尼斯宪章》的精神理念。

（5）提出了保护工作要纳入规划：《文物保护单位保护管理暂行条例》第六条"各级人民委员会在制定生产建设规划和城市建设规划的时候，应当将所辖地区内的各级文物保护单位纳入规划，加以保护。"这种纳入规划的做法对减少因为盲目建设发展对文物带来的大范围的破坏是非常有益的，像"周代的丰镐、秦阿房宫、汉长安城、唐大明宫四大遗址，在建国初期就纳入了城市规划，在108平方千米这样大的范围内没有安排基本建设项目，四大遗址才赖以保存至今。"

在这个时期，全国的文物建筑保护工作有序开展，从制度建设、理论发展以及实践推动上都取得了很大的进步。但是也要看到，文物建筑保护工作也出现了在建设和保护中取舍时，不得不让步的现象，如1953～1965年为了给城市建设和交通让步，逐步拆毁了北京城墙和城楼。并且其他地方纷纷效仿北京，各地方的城墙在此期间就此消失。

但如果说这些还只是因为发展所导致的局部破坏，那么其后在"文化大革命"的极"左"思潮影响下，出现的全面的有组织的对传统文化的破坏则是一场浩劫。

2.2.3.2 "运动"破坏时期

1966年发动的"文化大革命"运动，提出"文化领域的专政"这样的口号，其本质是以反对封建主义、资本主义、修正主义的名义，排斥古代文化和外来文化。而当时的红卫兵采取"破四旧，立四新"的路线，宣布要"砸烂一切旧思想、旧文化、旧风俗、旧习惯"，对包括历史建筑在内的文化遗产进行了破坏。

这个运动不仅仅是直接破坏了历史建筑，由于采取了一种无视法律的行为方式，否定了原有法规制度的威严，造成了文物保护管理机构形同虚设。在1980年《关于加强古建筑和文物古迹保护管理工作的请示报告的通知》中，这样描述"文革"之后文物建筑的状况：近十几年来……使我国的古建筑和文物古迹经历了一场浩劫。有许多文物古迹被分割侵占，古建筑遭到严重的破坏……至今在有些地区古建筑和文物古迹遭受破坏的情况仍在继续发展。当前的主要问题是：有些重要古建筑继续被一些机关、部队、工厂、企业所占用……有些著名古建筑和文物古迹附近随便兴建新建筑物，丝毫不考虑环境气氛……此外，也有的地区和单位不履行报批手续，不遵守《文物保护管理暂行条例》中所规定的保持现状或恢复原状的原则，对古建筑"改旧创新"，既损坏了古建筑，又浪费了国家的经费。因此而产生的轻视历史、厌弃传统文化的社会风气，在之后很长的时间里都难以去除其消极的影响，成为文物保护工作的最大阻力。

2.2.3.3　秩序恢复时期

1980 年 5 月国务院批准了《关于加强古建筑和文物古迹保护管理工作的请示报告的通知》。提出了"既对基本建设有利，又对文物保护有利"的两利保护方针，并对逐步恢复文物保护提出了指导意见。

1982 年 2 月国务院公布了"第二批全国重点文物保护单位"共计 62 处，同时公布了国家第一批，共 24 个历史文化名城名单，在我国创设了历史文化名城保护制度，使保护由以往单个文物建筑的保护向整体城市的保护扩展。同年 11 月，公布了第一批国家级重点风景名胜地区名单，指定了 44 处国家重点风景名胜区，建立了风景名胜地区保护范畴，使得人文景观的保护和自然风光的保护相互融合起来。1986 年又公布了第二批 38 个国家级历史文化名城。与此同时，国务院的文件中规定了要保护文物古迹比较集中，或能较完整的体现出某历史时期传统风貌的街区、建筑群、小镇、村落等历史地段，要求各地依据它们的价值公布为地方各级"历史文化保护区"。

"历史文化保护区"概念的提出，使得建筑遗产保护的概念由"点"扩展到"面"，即以文物建筑、建筑群为中心的保护扩展到整个城市或城市中的某个地区，亦即历史性地区为中心的保护，这也意味着由以往那种绝对的"博物式"保护转向多层次、多样化的城市发展性保护，更多量大面广，但价值一般的历史建筑可以在不改变原有使用功能的前提下，继续得以保存并延续着城市的历史风貌。

1982 年 11 月全国人大常委会通过了《中华人民共和国文物保护法》，这是我国第一部文物保护法，一改此前通过"通知"、"办法"、"条例"作为保护依据的状况，具有了法律的保障。

但是这个时期由于我国经济建设进入了一个复苏的时期，在前面政治运动中被耽误的城市、村镇发展建设有了恢复性的大发展，追求经济建设的"日新月异"使得人们看不到历史遗产的社会价值，这个时期许多建筑遗产被拆除，尤其是没有被宣布为保护对象的大批城市旧街区在推土机前倒下，而文物建筑虽得以保存，但是其周围的历史环境却荡然无存，更有甚者把文物保护单位也非法拆除掉。这种开发性的破坏有时候比"破四旧"来得更彻底，更全面。

同时，由于理论与实践两方面的不成熟，出现了许多各有特定含义的原则和口号，例如"修旧如旧"、"老当益壮"、"延年益寿"、"再现雄姿"、"焕然一新"等，人人都可以按照自己的理解去选择修缮方式，客观评价也就很难公允，出现了比较混乱的局面，但也带来了对保护中各类问题的争论，尤其是对"不改变原状"的含义和实践的讨论，引起了建筑历史理论界、文物保护管理层以及实际维修工作者从自身出发进行了深入思考，使得建筑遗产的保护活动逐渐积极起来。这个时期的文物保护工作由于国家刚恢复建设，没有太多的资金投入，只能通过多方筹措资金，集中于一些重要的急需修缮的文物上。如 1984 年为了修缮破坏严重的长城，邓小平同志号召"爱我中华、修我长城"的口号，从北京开始，天津、河北、山西、内蒙古、辽宁、陕西、宁夏、甘肃等省市自治区相继成立了"爱我中华、修我长城"社会集资机构，在很短的时间里，各自都募集到了大量的经费。各地主管长城维修的部门，聘请专家和专业部门进行修复方案设计，备料施工，进行修缮。

1985 年全国人民代表大会批准了《保护世界文化和自然遗产公约》，并于 1987 年将长城、故宫、周口店"北京人"遗址、泰山、敦煌莫高窟和秦始皇陵及兵马俑坑申报列入

《世界遗产名录》，这些意味着我国的文物保护工作开始主动与世界接轨，从保护的理论建设和保护模式与方法上都接受世界标准的监督与检验，对促进我国的文物保护事业有着非常积极的意义。

1992年《文物保护法实施细则》颁布，它是对《文物保护法（1982）》颁布近十年之后，在执法过程中所暴露出问题的一个检讨与修正，是对《文物保护法》原则的指导性阐释，是一个实践总结性的文件。至此，"文革"以后的法制建设已经基本得到了恢复，为下一步文物保护工作的步入正轨打下了良好的基础。

2.2.3.4 体系完善时期

在进入20世纪80年代后国家经济快速发展的过程中，人们开始关注和反思当中大拆大建的现象，渐渐地，要求保留建筑历史遗产的声音越来越大，而那种片面追求速度，忽视社会的承受能力的发展观念逐渐被大家看到其中的弊端。同时随着国家的开放，国际上通行的建筑文化遗产保护思想、理论和方法也慢慢进入到中国，在我们自身存在的要与国际标准看齐心理的暗示下，以及国际遗产保护组织的带领和干预下，在20世纪90年代后，社会各界开始着力于建构一个包含多个层面的历史建筑保护体系，其中主要涉及了法制与管理与理论与实践的全面发展完善。

从法制建设上来看，由于1982年的《中华人民共和国文物保护法》存在条文简单，存在一些漏洞，以及某些原则与国际通行标准存在冲突的问题，所以重新对它进行了修订，于2002年颁布实施，并于2003年公布了《文物保护法实施细则》。

从管理建设工作来看，各省逐步取消了原来事业代管行政的模式，以往用文物管理委员会、博物馆等非行政机构行使文物管理行政权，导致权力"不硬"，功能混杂的局面在逐步好转，大部分省份建立了省市一级的文物局，对文物的管理职能化，单一化。另外，在与文物建筑保护相关的规划局和房地局，也都设立相关的专门处室，共同参与到这项工作中来，大大提高了文物保护管理的范围和效率。

从文物保护的理论发展来看，一方面我们在大量引进和消化国际上的保护理论，甚至直接让国际组织帮助我们建立一些保护标准，如2000年发布的《中国文物保护准则》就是中国国家文物局牵头，与美国盖蒂保护研究所（Getty Conservation Institute）和澳大利亚遗产委员会（Australian Heritage Council）三方一起合作的成果。另一方面我们也意识到中国文物保护要结合自己民族建筑遗产的特征以及国家自身的发展方式来建立自己的保护理论，这也是近几年为什么出现大量的关于中西文物保护异同之辩论的原因。虽然这些探讨本身还需要很长的路要走，但是这已经有了良好的开端。

先后诞生于2005年的《曲阜宣言》和2007年的《北京文件》则可以看做是文物保护工作在实践中的思考和经验总结。《曲阜宣言》是在2005年由"第八届兰亭叙谈会和《古建园林技术》杂志第五届二次编委"发起的，表达当代古建筑学人、匠艺工师就我国以木构建筑为主体的文物古建筑的保护维修理论与实践问题的共识的一个文件。以罗哲文先生为代表的一批长期从事文物保护实践工作的老专家，针对从业人员在实践中，普遍存在的面对国际理论标准和我国文物古建筑，尤其是木结构建筑自身特殊性两者之间矛盾时的困惑，试图提出适应我们保护操作的指导原则。其中，对《文物保护法》中"原状"一词的定义可以看做是对多年来"含混其辞"状况的纠正尝试，虽然"是文物建筑健康的状况，而不是被破坏、被歪曲和破旧衰败的状况。衰败破旧不是原状，是现状。现状不等于原状。不改变原状不等于不改变现状。"的说法不尽科学，但是其中反映出的对我国文物古建筑自身特殊性的尊重，还是值得肯定的。

《北京文件》是针对世界遗产保护机构对我们当前部分世界遗产保护干预过程中工作的质疑，而由中国国家文物局于 2007 年 5 月 24 至 28 在召开了"东亚地区文物建筑保护理念与实践国际研讨会"，实际是对在中国的遗产保护原则和实践所产生的争议展开的一次讨论，再次强调"文化遗产的根本特征是源于人类创造力的多样性。文化多样性是人类精神和思想丰富性的体现，也是人类遗产独特性的组成部分。"因此，要"在修复过程中必须充分认识到遗产资源的特性，并确保在保护和修复过程中保留其历史的和有形与无形的特征"，在此原则基础上，进而提出了"在可行的条件下，应对延续不断的传统做法予以应有的尊重，比如在有必要对建筑物表面重新进行油饰彩画时。这些原则与东亚地区的文物古迹息息相关。"这样的实践操作标准，这是我们第一次在具有国际影响的文件中明确宣布我们文物古建筑特征、价值和保护方法的特殊性，具有里程碑的意义。

从文物建筑保护的实践来看，最大的一个进步是全社会对文物保护的投入在逐年加大，文物的生存安全保障有了很大的提高，既有对包括类似敦煌莫高窟、北京故宫这些重要国宝的抢救和维护，也有各地方上对量大面广的低级别文物的保护投入，并且这些投入不限于国家财政的拨款，已经有了企业和社会赞助等多种方式的参与，极大拓展了保护工作的社会空间。与这些大量的保护投入一起增长的则是保护实践操作水平的提高，行业的工作者已经把重点花在了对文物保护准则的实现上，这需要很多的耐心和更科学的手段，而不是以往的有时候会带来破坏的粗放式维修。

总结来说，我国文物建筑的保护经历是一个非常曲折的过程。在此过程中，文物保护主要受到了国家政治状况、经济水平和社会意识的影响，而这些因素又决定了文物建筑保护中法规制度的完善、社会经费的投入、研究工作的深化、实践操作的开展等具体层面。受许多不利因素的影响，目前我国文物建筑保护的水平还处于一个初级阶段，很多工作还是刚刚起步，尤其是理论研究薄弱，导致了具体实践操作整体水平不高，漏洞、错误较多，这需要我们在国际理论的引导下，结合我国文物的特点，并立足于我国文物保护的现状水平，加快开展学术研究，打开保护工作的新局面。

表 2-2 总结了自新中国成立前至今颁布的关于文物建筑保护的法令、法规。

我国文物建筑保护相关法令、法规

表 2-2

序号	名　　称	发布机构	发布时间
1	《保存古物暂行办法》	北洋政府	1916
2	《古物保存法》	南京国民政府	1930
3	《古物保存法实施细则》	南京国民政府	1931.7
4	《暂定古物范围及种类大纲》	南京国民政府	1922
5	《古文化遗址及古墓葬之调查发掘暂行办法》	中央人民政府政务院	1950.5
6	《关于保护古文物建筑的指示》	中央人民政府政务院	1950.7
7	《关于各地组织土改干部进行学习时将有关之文物法令作为参考档的通知》	中央人民政府文化部办公厅	1950.8

续表

序号	名　　　称	发布机构	发布时间
8	《关于管理名胜古迹职权分工的规定》	中央人民政府文化部、内务部	1951.5
9	《关于地方文物名胜古迹的保护管理办法》		
10	《地方文物管理委员会暂行组织通则》		
11	《北京市发现古迹、古物暂行处理办法》	市政府	1951.12
12	《关于在基本建设工程中保护历史及革命文物的指示》	中央人民政府政务院	1953.10
13	《关于文物古迹管理范围规定的通知》	中央人民政府政务院、文化部	1954.3
14	《明确名胜古迹管理分工的意见》		1954.8
15	《国务院关于在农业生产建设中保护文物的通知》	国务院	1956.4
16	《文物保护管理暂行条例》	国务院	1961.3
17	《关于进一步加强文物保护和管理工作的指示》		
18	《第一批全国重点文物保护单位名单》		
19	《文物保护单位管理暂行办法》	文化部	1963.4
20	《革命纪念建筑、历史纪念建筑、古建筑、石窟寺修缮暂行管理办法》	文化部	1963.8
21	《古遗址、古墓葬调查、发掘暂行管理办法》	文化部	1964.8
22	《加强文物保护工作的通知》	国务院	1974.8
23	《关于保护我国历史文化名城的请示》	国家建委、国家城建总局、国家文物局提交	1982.2
24	《中华人民共和国文物保护法》	全国人大	1982.11
25	《第一批国家历史文化名城名单》	国务院	1982.2
26	《第二批全国重点文化保护单位名单》	国务院	1982.3
27	《纪念建筑、古建筑、石窟寺等修缮工程管理办法》	文化部	1986.7
28	《第二批国家历史文化名城名单》	国务院	1986.12
29	《第三批全国重点文物保护单位名单》	国务院	1988.1
30	《关于重点调查、保护优秀近代建筑物的通知》	建设部、文化部	1988.11
31	《中华人民共和国文物保护法实施细则》	全国人大	1992.5
32	《历史文化名城保护条例》	建设部、国家文物局	1993
33	《第三批国家历史文化名城名单》	国务院	1994.1
34	《历史文化名城保护规划编制要求》	建设部、国家文物局	1994.9
35	《第四批全国重点文物保护单位名单》	国务院	1996.11
36	《黄山市屯溪老街历史文化保护区管理暂行办法》	建设部	1997.8
37	《保护和发展历史城市国际合作苏州宣言》	中国—欧洲历史城市市长会议	1998.4
38	《中国文物古迹保护准则》	国际古迹遗址理事会中国国家委员会	2000.10
39	《第五批全国重点文物保护单位名单》	国务院	2001.6

序号	名　　称	发布机构	发布时间
40	《中华人民共和国文物保护法（修订）》	全国人大	2002.10
41	《中华人民共和国文物保护法实施细则》	国务院	2003.5
42	《文物保护工程管理办法》	国家文物局	2003.5
43	《第一批中国历史文化名镇》和《第一批中国历史文化名村》	国务院	2003.11
44	《全国重点文物保护单位规划编制审批办法》	国家文物局	2004.8
45	《全国重点文物保护单位保护规划编制要求》		
46	《第六批全国重点文物保护单位名单》	国务院	2006.6
47	《长城保护条例》	国务院	2006.10
48	《国家考古遗址公园管理办法（试行）》	国家文物局	2010.1
49	《第七批全国重点文物保护单位名单》	国务院	2013.3
50	《中国文物古迹保护准则（修订）》	中国古迹遗址保护协会	2015

2.3　东西方历史建筑保护和修复的差异比较

虽然，中国近代城市历史文化保护的理论是从西方引进，权威的保护思想和方法似乎不言而喻地以西方的标准为准则，但是，客观存在的民族文化特质的差异，导致对待历史及历史建筑的态度存在根深蒂固的差别，加上国情的不同，必然加深在城市历史文化保护的观念及方法上的差异。所以，比较中西方对城市历史文化保护的认识和保护方法的差异，有助于我们在学习西方先进的保护经验的同时，结合自身的特点和具体情况，研究在城市经济高速增长、城市发展十分迅速的状态下保护的理论及方法。

2.3.1　保护观念的差异及其所反映的社会价值观的差别

在世界诸文化中，中国文化数千年来成功地应付了各种内部的矛盾和外部的挑战，毫无间断地延续下来，而且是在一个不变的宇宙观、不变的政治制度、不变的伦理信条中不间断地延续下来；西方文化从一开始产生了民主制度，并以大起大落、重心不断转移的旋律突飞猛进，成为人类前进的火车头。中西文化何以能创造如此的奇迹，关键在于两者独特的文化精神。

追求永恒明晰的答案，一直是西方人探求宇宙本体的方向。古希腊哲学家往往将世界的本源归结为一种或几种可感知的实体。如毕达哥拉斯将世界的本源归结为数，赫拉克里特将世界的本源归结为火，直到现代的原子，答案是如此明确，明确到要前进就必须否定它。西方人以实体的眼光看世界，以有为本，从有到实体。

而中国的传统哲学则以无为本，从无到有。所谓"天下万物皆生于有，有生于无"。相对于西方的"存在"与"理念"、"实体"与"逻辑"，中国则强调道、无、理、气，并以模糊的观点，整体地把握整个宇宙。道家的"道"是"道可道，非常道"，永恒之道只能是以模糊为最高境界，而孔子也认为"六合之外，圣人存而不论"。当儒、道等各种思想融合为中国文化的气、阴阳、五行的整体宇宙时，中国文化的模糊性就坚如磐石了。

在西方，从实体出发的研究方法，形成求"真"的学术传统。在历史文化保护理论上形成的强调保护文物建筑真实性、强调文物建筑历史可读性，就反映了这种哲学思想。正如《威尼斯宪章》开头所指出："世世代代人民的历史文物建筑，饱含着从过去的年月传下来的信息，是人民千百年传统的活见证……我们必须一点不走样地把它们的全部信息传下去。"该原则已成为西方关于历史文物建筑保护观念的历史总结。

和西方寻求"真实"的保护比较，中国追求"意"的流传。中国文化的模糊性产生了从整体功能把握宇宙的思维模式。这种模糊性也表现在人们对于"道"及对于文化价值的认识。"模糊性就意味着不能用公式定义明确表达，不能让人明确地检验其对错。以至于人们把自己的新的创造也只认为是对圣人之心的解释，把自己的新见解也认为是对古人之意的发掘。"两千年来，孔、孟、老、庄等思想尽管不断被丰富、发展，但始终是权威性、纲领性文件，具有万世不移的指导意义。历史上中国对重要历史建筑的保护也反映出这种强烈的文化特质：注重场所精神的延续和发扬，而非建筑实体的真实信息的万古流传。曲阜孔庙的不断建设发展就是一个重要实例。孔子是中国古代伟大的思想家、儒学的创始人，在中国历史上有特殊的地位。曲阜孔庙是孔子死后第二年（公元前 478 年）鲁哀公因其旧宅所立，当时仅"庙屋三间"。从春秋末期到唐代，孔庙有 15 次的修复和扩建的记载，平均 60 年修建一次，完成了因宅立庙阶段。孔子的最高谥号由"褒成宣尼公"改为"文宣王"。如果按孔庙在中国当时的地位看，完全可以把它称为文物建筑加以保护了。但是在中国的封建社会，统治阶级全无此概念，他们根据自己的需要大肆进行扩建。宋至元（960～1367 年），这 400 年内，孔庙有 17 次修复和扩建的记载，平均 25 年修建一次，占地 76000m^2。从明朝到新中国成立以前（1368～1949 年）近 600 年里，孔庙已逐步宫殿化，其间经历 37 次修复、扩建和重建，平均 16 年修建一次，占地达 96000m^2。至此孔庙已轴线冗长，殿庑复加，庙墙、角楼森严。据记载，孔庙从公元前 478 年至公元 1949 年，修建次数见于史料的有 70次。1949 年以后，进入断续修整阶段，1980 年全面整修了一次，另于 1984 年重塑了"文化大革命"所毁的孔子像及十二哲像，1985 年又落架大修了奎文阁。可见，孔庙连亘 2000 多年，历经社会动荡和天灾人祸，但它却日趋完善。作为文物建筑，它表现为各个时代的构件和色彩的融合。然而几十次的修整、甚至重建所创造的氛围，却使孔子这一中国传统文化的化身始终灵光不灭。这种中国传统的文物保护观念和方法及其追求的社会意义是很典型的。这里某一朝代的建筑客体，并不被看做是纪念孔子思想的最完美的表现而加以保护，而是被视为思想表达的一个有机组成部分，后人则根据自己对崇高和完美的追求，运用新的建筑形式重新解释中国"天人合一"、"通天达人"的审美思想。

2.3.2　保护原则和方法的差异

西方保护的核心问题是"真实性（authenticity）"，因此在实践上，历史文物建筑被看做是一个历史信息的载体，这个载体与历史信息的关系是共存的、不可逆转的或不可再生的。因此保护的重点在于文物建筑的存在，真实性是文物建筑存在的最基本的要素。历史文物建筑的保护原则就是要保护它们所负载的固有的、可信的和完整的历史信息。依据这种原则，在实践上，对待历史文物建筑的修复，产生了诸如意大利的"文献修复"和"历史性修复"的方法。

和西方相比较，中国历来历史建筑保护意识比较薄弱，20 世纪 20 年代起步的保护工作，实际上，在借鉴西方历史文物建筑保护经验的同时，依然采用追求历史建筑"意蕴"流传的保护方法。这也是由中西方两大不同的建筑体系决定的。中国的传统建筑以木构为主，较之西方以砖石结构为主的建筑更加容易破损，为了保护和维修，保持建筑的完整性，需要经常更换梁柱，这是十分自然的保护方法。中国对于文物建筑，无论是采用经常性的保养、抢救性的加固、有重点的结构加固，还是彻底的"整旧如旧"的复原，甚至随意添加建筑物，方法不拘一格，使得各个时期的历史信息融为一体，重要的是保存一种环境、氛围和格调，从而使文物建筑所表达的意蕴永久。

在日本，对"伊势神宫"的保护也体现出东西方保护方法的这种差别，位于三重县的伊势神宫是日本最重要的神社，用来祭祀天皇祖神天照大神，已有 1300 多年的历史，是日本古典木构建筑的杰作。它的保护方法沿袭了每 20 年就要重建一次的"造替制度"。伊势神宫在建造伊始就准备了两块彼此相邻的用地，每隔 20 年就轮流在两块基地上交替重建，至今重建次数已达 60 多次。以西方历史建筑保护的观点看，伊势神宫的每次重建都是"假古董"，而日本人却认为，他们所保护的是传统的观念和营造方式，而不是西方的"原真性"。日本建筑师黑川纪章在比较了希腊帕提农神庙和伊势神宫的保护方法后指出："帕提农神庙的建筑材料还是古代的材料，它从未被重建过而作为废墟幸存到今天。就物质而言，今天它仍和原来一样。这正是它与伊势神宫的巨大差别：在西方，历史作为物质被保存下来；而在日本，历史作为一种精神遗产被保存下来，就像遗传密码的一部分那样被保存。"

城市历史文化的保护、利用与发扬犹如生物学上的遗传与变异，互为条件，对立统一，生物体不能只有遗传，只固守遗传的密码和信息，生物要通过变异来适应环境，实现物种的发展。社会也不可永远固守传统、不求变革。然而，正像生物体一样，如果只有变异而无遗传，就会变成不可琢磨的怪物。社会也不可能总是处于变动之中，也需要有保守主义的倾向。我们要学习西方国家历史文化保护的成功经验，提倡保护历史建筑"原真性"思想，为子孙后代留下真实的历史信息，通过对固有价值的肯定来巩固城市历史文化体系的稳定。当然，这些信息也是经过当代保护工作的"批注"后，获得"当代性"的信息。其次，要注重发扬，中国历来重视历史建筑环境"意蕴"的延续和发扬，保护现存历史建筑的真实信息，只是城市历史文化保护工作重要的一部分，城市旧区改造和新区建设，需要创造新的城市肌理作为城市新文化的载体，历史的精神遗产、历史的文化创造的密码，通过我们有意识的努力，应该被编织进新的文化创造的机制中，通过不断适应环境变化的变革，使城市历史精神的生存能力得到加强。

本章思考题

1. 简述国际历史建筑保护的发展历程。
2. 简述我国建筑保护的发展历程。
3. 比较东西方历史建筑保护的差异。
4. 概括天津历史风貌建筑保护的发展历程。

第3章 历史建筑保护的文件及组织机构

【学习要求】

通过本章学习，掌握《威尼斯宪章》、《保护世界文化和自然遗产公约》、《华盛顿宪章》、《奈良文件》等历史建筑保护的国际文件；掌握《中华人民共和国文物保护法》、《中国文物古迹保护准则》等国内保护文件；熟悉国际古迹遗址理事会、联合国教科文组织等国际组织机构。

【知识延伸】

熟悉《天津市历史风貌建筑保护条例》、《天津市历史风貌建筑使用管理办法》、《天津市历史风貌建筑和历史风貌建筑区确定程序》、《天津市历史风貌建筑保护腾迁管理办法》等相关规定。

3.1 名 称 释 义

在历史建筑保护和修复的过程中，各国以及国际都颁布了很多文件，包括法律层面和非法律层面。比如《中华人民共和国文物保护法》、《历史文化名城名镇名村保护条例》、《保护世界文化和自然遗产公约》、《威尼斯宪章》、《内罗毕建议》等。这里有必要对"法律"、"条例"、"公约"、"宪章"等不同的名称进行一下区分。

3.1.1 法律层面

广义的法律包括法律、行政法规、地方性法规和规章。就当代中国社会主义法律而言，其成文法包括以下各种，见表3-1。

我国法律的种类   表 3-1

序号	名　　称	制定机关	效　　力
1	宪法	全国人大	最高效力
2	法律	全国人大及其常委会	仅次于宪法
3	行政法规	国务院	低于法律
4	部委规章	国务院所属部委	低于行政法规
5	地方性法规	特定的地方人大及其常委会	低于行政法规
6	地方性规章	特定的地方人民政府	低于地方性法规
7	自治法规	民族自治地方的人大	报其上一级人大常委会批准生效
8	军事法规	中央军事委员会	低于法律
9	军事规章	军委所属机关	低于法规
10	国际条约	中国缔结或加入的国际条约	具有法律约束力

（1）行政法规

由国务院制定的关于国家行政管理活动的规范性文件。行政法规的具体名称有条例、规定和办法。对某一方面的行政工作作比较全面、系统的规定，称"条例"；对某一方面的行政工作作部分的规定，称"规定"；对某一项行政工作作比较具体的规定，称"办法"。它们之间的区别是：在范围上，条例、规定适用于某一方面的行政工作，办法仅用于某一项行政工作；在内容上，条例比较全面、系统，规定则集中于某个部分，办法比条例、规定要具体得多；在名称使用上，条例仅用于法规，规定和办法在规章中也常用到。

（2）地方性法规

制定主体为省、自治区、直辖市及较大市（省级政府所在市、国务院批准设立的市、经济特区所在地的市）的人民代表大会及常委会。省、自治区、直辖市人大及其常委会制定的地方性法规报全国人大常委会和国务院备案；较大市的地方性法规要报相应的省级人大常委会批准，并由省级人大常委会报全国人大常委会和国务院备案。

（3）行政规章

行政规章在法律体系中处于最低的位阶，行政规章分为部门规章和地方规章两种。

国务院各部、委员会、中国人民银行、审计署和具有行政管理职能的直属机构，可以根据法律和国务院的行政法规、决定、命令，在本部门的权限范围内，制定部门规章。部门规章规定的事项应当属于执行法律或者国务院的行政法规、决定、命令的事项，它要服从宪法、法律和行政法规，其与地方性法规处于一个级别。

（4）国际条约

国际条约是指两国或多国缔结的双边或多边条约、协定和其他具有条约、协定性质的文件。条约生效后，根据"条约必须遵守"的国际惯例，对缔约国的国家机关、团体和公民具有法律上的约束力。因而，国际条约是国际法的主要渊源，也成为现代社会重要的法律渊源之一。国际惯例在一定情况下亦为法律渊源之一。

3.1.2　非法律层面

（1）宪章

宪章（charter）是指国家间关于某一重要国际组织的基本文件，具有国际条约的性质。一般规定该国际组织的宗旨、原则、组织机构、职权范围、议事程序以及成员国的权利义务等，属于多边条约的一种，如《威尼斯宪章》、《华盛顿宪章》、《北京宪章》等。

（2）公约

公约（convention）是条约的一种，通常指国际上为有关政治、经济、文化、技术等重大国际问题而举行国际会议，最后缔结的多方面的条约。公约通常为开放性的，非缔约国可以在公约生效前或生效后的任何时候加入。

（3）建议

建议，通常是指针对一个人或一件事的客观存在，提出自己的见解或意见，使其具备一定的改革和改良的条件，使其向着更加良好的、积极的方面去完善和发展。

（4）宣言

一般指国家、政府、团体或其领导人为说明自己的政治纲领、政治主张，或对重大的政治问题表明基本立场和态度而发表的文件。有时，也以会议名义发表宣言。

3.2　国际保护文件

西方先进国家在建筑遗产保护方面走过很长的历程，逐渐形成了各自的理论体系和法律法规，如法国的《马尔罗法》(1962)、美国的《历史保护法案》(1966)、英国的《城乡规划法》(1944) 等。同时有关的国际性组织机构也一直从城市发展的角度关注历史建筑保护工作，并颁布了一系列重要的宪章和公约，成为各国历史建筑保护实践的指导性纲领，比如：《雅典宪章》(1930)、《威尼斯宪章》(1964)、《保护世界文化和自然遗产公约》(1972)、《欧洲建筑遗产宪章》(1975)、《内罗毕建议》(1976)、《华盛顿宪章》(1987)、《有关产业遗产的下塔吉尔宪章》(2003)、《北京宪章》(1999) 等。

3.2.1　《威尼斯宪章》

1964 年 5 月，由从事历史文物保护工作的建筑师和技术人员在威尼斯举行的第二次国际会议。此次会议通过了一项决案—《威尼斯宪章》，全称《保护文物建筑及历史地段的国际宪章》。因该次会议在意大利举行，因此该宪章的内容很大程度上受到了意大利历史建筑保护修复理念的影响，尤其是布兰迪的修复观念。宪章肯定了历史文物建筑的重要价值和作用，将其视为人类的共同遗产和历史的见证。宪章分定义、保护、修复、历史地段、发掘和出版 6 部分，共 16 条。《威尼斯宪章》是对 19 世纪以来欧洲遗产保护的一个总结，它汲取了 19 世纪欧洲关于历史建筑保护的主要学派的有益思想，全面发展了意大利学派的理论。它所提出的理论和原则在国际上逐渐被认可和接受，成为现代国际遗产保护的理论基础和原则。

3.2.1.1　《威尼斯宪章》对现代国际遗产保护的贡献

《威尼斯宪章》的精神是基于历史主义的理论观点和理性主义的科学态度，这使得它经久犹存，成为 20 世纪最具影响力的国际保护文献。《威尼斯宪章》对现代国际遗产保护的贡献在于：

(1) 保护文化遗产不仅关注过去和历史，还必须包含现在和未来

"世世代代人民的文物古迹，包含着过去岁月的信息留存至今，成为人们过去生活的活的见证。人们越来越意识到人类价值的统一性，并把古代遗迹看做共同的遗产，认识到为后代保护这些遗产的共同责任。"(《威尼斯宪章》导言)

因此，我们这一代人负有传承这些文化遗产，这也是 20 世纪下半叶以来国际遗产保护的最高理想。因此，有别于维奥莱·勒·杜克用自己的才智来重新创造历史的做法，保护必须认识和延续文化遗产的真实性，只有真实的历史遗产才有资格传诸后代。

(2) 对历史价值的尊重是《威尼斯宪章》的核心思想

"保护与修复文物古迹旨在把它们既作为历史见证，又作为艺术品予以保护。"(《威尼斯宪章》第三条)

因为 19 世纪以来人们对文物建筑的认识来自于把其作为艺术品，片面关注文物建筑的艺术性，"风格修复"的做法就是这一思想的体现。《威尼斯宪章》反映了人们对文物建

筑认识的一大发展，即开始认识到文物建筑在历史、科学、美学等各方面的综合价值，其中历史价值是其价值的主要方面。

"各个时代为文物古迹所做的贡献必须予以尊重，因为修复的目的不是追求风格的统一。当一座建筑物含有不同时期的重叠作品时，揭示底层只有在特殊的情况下，在被去掉的东西价值甚微，而被显示的东西具有很高的历史、考古或美学价值，并且保存完好，足以说明这么做的理由时才能证明其具有正当理由。"（《威尼斯宪章》第十一条）

文物建筑所表述的不是历史的一个瞬间，而是活的、发展着的历史过程，因此要认真对待历史留给文物古迹的丰富信息，它们会是文物建筑保护的对象。

"缺失部分的修补必须与整体保护和谐，但同时须区别于原作，以使修复不歪曲其艺术或历史见证。"（《威尼斯宪章》第十二条）

把文物建筑的保护放到它所见证的历史过程中去，这是《威尼斯宪章》一再强调的基本思想。任何新的添加，尽管其本身可能作为某种历史信息被保存下去，但如果这种添加导致了更为古老丰富的历史信息的破坏，那么这种添加是不可取的。添加部分与原有部分在满足视觉连续的情况下保持各自的可识别性正是出于保护原有部分的真实性。

（3）科学的技术手段和研究方法是现代意义的遗产保护的可靠保证和显著特征

"文物古迹的保护与修复必须求助于对研究和保护遗产有利的一切科学技术。"（《威尼斯宪章》第二条；"修复过程是一个高度专业化的工作，其目的旨在保存和展示文物古迹的美学与历史价值，并以尊重原始材料和确凿文献为依据。一旦出现臆测，必须立即予以停止。此外，即便如此，任何不可避免的添加都必须与该建筑的构成有所区别，并且必须要有现代标记。无论在任何情况下，修复之前及之后必须对文物古迹进行考古和历史研究。"（《威尼斯宪章》第九条）；"修复的目的同样在于保护文物古迹的真实性。当传统技术被证明为不适用时，可采用任何经过科学数据和经验证明为有效的现代建筑及保护技术来加固文物古迹。"《威尼斯宪章》第十条）："一切保护、修复或发掘工作永远应有用配以插图和照片的分析及评论报告这一形式所做的准确的记录。"（《威尼斯宪章》第十六条）；现代意义的遗产保护已远远超出了传统的仅仅以使用为目的的一般维修，成为一项复杂的科学工作，这种活动理应具有求真求实的科学态度。

《威尼斯宪章》指出，要尽可能使用先进技术来保护或修复历史建筑。作为历史的证据，保护历史建筑的宗旨便是要让其"传之永久"。如果因社会公益或相关事宜而更新历史建筑时，决不可以随意更改其平面主体布局或去除重要装饰。另外，保护一座建筑的同时要合理保护其周边环境。"只要传统环境还尚存，无论是在哪里，都应该加以保护。一切不恰当的改造，如改造原形体和颜色等等的变更、新建、拆除行为都是错误的"。其绘画、雕刻以及装饰等构件，只有在因必须临时卸下时才允许取下。

宪章告诫，修复是一种高度专业化的建设行为，其行为应查找并参照原始资料和确凿文献，修复设计中不能随意想象捏造。如果在修缮过程中必须用现代技术，则要进行充分论证以保证其具有科学根据，并要进行实验论证。宪章认为各时代加在历史建筑上的痕迹都该予以尊重。宪章还要求保护历史建筑与周边环境的整体性，重点是建筑周围区域。宪章只允许把原建筑还存在的但已零散的部件重新组合起来，而不许伪造历史部件。同时提出，所有保护修缮相关工作都要有明确的过程记录，并附有分析记录和研讨记录，尽量配备插图和照片。记录应在公共机构存档，如有条件则应该公开出版。

3.2.1.2　《威尼斯宪章》对我国遗产保护的贡献

20 世纪 80 年代开始，随着我国改革开放深入，我国的文物保护工作者也逐渐与国际文物保护运动开始进行种种接触与交流活动，《威尼斯宪章》在此时被介绍到国内，并引起了业内有关如何认识文物的历史价值的讨论。它所提出的保护原则也逐渐被广大的中国文物保护工作者所了解，并成为中国文物古迹保护的基本原则。

值得注意的是，我国有的学者认为"可逆性"是《威尼斯宪章》提出的基本原则之一，这是对布兰迪的修复理论和《威尼斯宪章》的混淆。"可逆性"是布兰迪修复理论的基本原则，然而并未被《威尼斯宪章》所提及或反映，但这并不影响"可逆性"原则作为基本原则之一在后来的保护、修复中被广泛运用。随着对西方保护修复理论认识的深入，"可逆性"原则逐渐被中国文物保护工作者所认知，并且被《中国文物古迹保护准则》采纳，成为我国文化遗产保护的基本原则之一。

在实际操作中，《威尼斯宪章》中的基本原则和"可逆性"原则都是为了重建文化遗产的潜在一致性，保护其艺术或历史的真实性和完整性。《威尼斯宪章》在第三条中阐明其宗旨："保护与修复古迹的目的旨在把它们既作为历史见证，又作为艺术品予以保护"，这是运用一切原则都必须遵从的最高宗旨。

《威尼斯宪章》是历史建筑修复领域第二个黄金发展期学术顶峰的象征；也是自 19 世纪开始百年建筑保护及修复理论的一次全面性总结。它集科学理性与人文感性于一身，最为完善地提出了纲领性的历史建筑保护原则与可操作的修复策略。自此之后，世界大多数国家的历史建筑保护与更新工作都以此为基准展开。虽然在《威尼斯宪章》颁布至今的 40 余年间，建筑修复新技术层出不穷，但在保护理念和修复原则上，时至今日还没更具创新性的思想能与之匹敌。

3.2.2　《保护世界文化和自然遗产公约》

1972 年 11 月 16 日，联合国教科文组织在巴黎召开第 17 届会议，为了组织和促进各国政府及公众在世界范围内采取联合的保护行动，通过了《保护世界文化和自然遗产公约》，也称为《世界遗产公约》（The World Heritage Convention）。公约于 1975 年 12 月 17 日开始生效。《世界遗产公约》首次提出了"世界遗产"这一概念，将历史遗留的价值扩大到全世界人民共有的高度，形成国际化、标准化的遗产评估标准，从而很好地削减了不同地区、不同文化背景下的历史文化遗产纷争问题。公约将人类与各国的"世界遗产"之间的关系定义为"托管者"与"被托管物"。同时，人类作为历史文化遗产的"托管者"，并不拥有其所有权，反而是要承担不可推卸的保护责任，更好的保护"世界遗产"。

（1）基础

《世界遗产公约》的产生是通过国际合作共同保护世界范围内的人类遗产的意识逐渐增强的结果，遗产保护不再是一个国家、一个地区、一个民族的事情，而应是全人类共同的责任和义务。联合国在国际事务中的作用和地位是这种国际合作得以展开的前提条件。

各国的保护实践与理论成果是实施遗产保护的国际合作的基础，正如阿布辛拜勒神庙的易地迁移保护工程，该工程原本受制于经济、技术等条件无法进行，却因国际合作得以实现，该事件所取得的令人鼓舞的结果使人们看到了国际合作进行遗产保护的可行性和重大的意义。

《世界遗产公约》把世界遗产划分为文化遗产（cultural site）、自然遗产（natural site）和文化自然双重遗产（mixed cultural and natural site）三个基本类型（1992年又增加了文化景观（cultural landscapes）这一类型）。这就是《世界遗产公约》的根本特点，即将自然的保护与人类文化的保护作为一个不可分的整体联系起来，十分清楚地表明了自然与人文相互依存、相互融合、共同发展这一遗产保护的基本出发点。1965年美国华盛顿召开的一次白宫会议发出了建立"世界遗产信托基金"的倡议，首先提出把自然风景区和历史遗迹的保护工作结合起来。1968年"国际自然和自然资源保护联盟"也向其成员国发出了这样的建议。1972年联合国人类环境的斯德哥尔摩会议对这些建议加以讨论，并最终在1972年形成《世界遗产公约》的文本。

（2）主旨

"通过提供集体性援助来参与保护具有突出的普遍价值的文化和自然遗产"，并且"建立一个根据现代科学方法制定的永久性的有效制度。"

（3）主要内容

1）定义了"文化遗产"和"自然遗产"。

2）敦促、要求各缔约国担负起保护领土内各类遗产的责任，成立责任保护工作的专门机构，要制定相应的法律、科学、技术、财政措施，开展与保护相关的科学研究和技术研究。

3）要求各缔约国通过教育、宣传、增加本国人民对世界遗产及其保护工作的关注和了解。

4）成立"世界遗产委员会"这一政府间组织，领导世界遗产保护的具体工作，世界遗产委员会根据各缔约国提交的文化、自然遗产的清单，遴选形成《世界遗产名录》，并根据各缔约国的申请每年增加新的世界遗产项目。1992年在世界遗产委员会下又成立了"世界遗产中心"负责日常的管理工作。

5）在紧急需要时，世界遗产委员会制定《濒危世界遗产名录》，用于保护《世界遗产名录》中那些受到特殊危险威胁的项目，这是一种保护的预警系统。

6）设立"世界遗产基金"，这项信托基金用于各种方式的国际合作和援助项目。

7）任何缔约国都可以要求对本国领土内的、具有突出的普遍价值的遗产给予国际援助。援助内容包括人员上支持（提供专家、技术人员、熟练工人、帮助培训专业人员）、提供设备、提供资金（低息或无息贷款，或无偿补助金）。

（4）专业咨询机构

三个不隶属于联合国教科文组织的、非政府的权威专业机构为世界遗产委员会提供专业的咨询服务：

1）国际古迹遗址理事会（ICOMOS）：协助世界遗产委员会评价和选择可以列入《世界遗产名录》的文化遗产；

2）国际自然和自然资源保护联盟（IUCN）：负责提出有关自然遗产地的选择和保护的建议。并和国际古迹遗址理事会共同负责文化景观的评定工作；

3）国际文物保护与修复研究中心（ICCROM）：负责提供有关文物保护和技术培训的专业建议。

（5）意义

《世界遗产公约》确立了保护的国际性合作的新概念和新方式。编制《世界遗产名录》的工作使我们得以知道现有的各类文化与自然遗产的数量和丰富多彩，使我们真实具体地理解文化的多样性，体会到这些遗产是人类创造才能的见证和对于人类的存在与发展的重大意义，看到世界上不同地方的文化彼此关联、相互促进、和谐共生。

《世界遗产公约》以国际协作、支持和援助的方式把现代遗产保护运动扩展到更多的地区、更多的国家，使遗产保护的概念和思想开始深入人心。并强调了国家作为遗产保护的行为主体所具有的地位和作用。《世界遗产公约》与此前及以后的其他关于遗产保护的国际文件为遗产保护事业的发展起了重要的推动作用，积极促进了各国的遗产保护与管理水平的提高。

3.2.3 《内罗毕建议》

1976 年 11 月，联合国教科文组织第 19 届大会在肯尼亚首都内罗毕（Nairobi，Kenya）召开。大会通过了《关于保护历史和传统建筑群及其在现代生活中的地位的建议》，即《内罗毕建议》。《内罗毕建议》的核心思想是"整体保护"，这是建立在 20 世纪 70 年代欧洲议会举行的一系列会议、讨论会的基础上的。它的形成表明整体保护的概念已经趋于成熟，遗产保护工作已经转入整体保护的新的发展阶段。

（1）主要内容

《内罗毕建议》定义了历史地区的概念和包含的类型。强调历史地区在社会方面和实用方面所具有的普遍价值。因为历史地区不仅"是人类日常环境的组成部分"，与人们朝夕相处，而且"为世世代代的文化、宗教及社会活动的丰富多彩提供了最实际的证明"。但是这些历史地区在现今的社会、经济条件下正面临退化、衰败，或者被废弃、被拆毁的危险。即使它们自身没有出现这样的问题，大规模、高密度的现代城市建设、在历史地区的邻近地区进行的土地开发同样会破坏它们的环境和景观。

（2）提出保护历史地区的原则

《内罗毕建议》提出了保护历史地区的原则，要保护它们就要从根本上解决问题，那就是把历史地区的保护作为城镇规划政策必不可少的一部分，把历史地区的保护同现代的社会生活相结合。保护的最终目标是使它们"与当代生活融为一体"；历史地区是由多个组成要素（包括人类的活动、建筑物、空间结构、周围环境……）构成的、具有凝聚力的整体。每一个组成要素都赋予整体某种特征，对于整体都有不可忽视的意义，都是保护的对象；维护与保持历史地区的真实性和美学特征、景观特征是保护工作的主要内容。

（3）提出保护措施

《内罗毕建议》提出的具体的保护措施包括：

1）立法及行政措施（制定保护政策和法规，编制保护计划和文件，成立专门的权力机构和多学科的专业工作组）；

2）技术、经济和社会措施；

3）进行关于保护的研究、学习、交流以及国际合作。

（4）意义

《内罗毕建议》提出之后，与《威尼斯宪章》一样，成为遗产保护的纲领性文件。它们都提出了现代遗产保护工作的指导性原则，只是各有侧重：《威尼斯宪章》主要是针对单体的文物建筑及考古遗址的保护，它产生的时候历史地区的保护工作还处在初级阶段，所以没有形成理论性的成果；《内罗毕建议》则是专门针对历史地区、历史建筑群的保护，是对前者所确定的原则与标准的补充和扩大。由于历史地区的保护涉及复杂的社会、经济、技术等多方面的问题，它在内容上比较具体，提出了很多针对实际问题与矛盾的措施和要求。

3.2.4 《巴拉宪章》

1979 年 8 月，国际古迹遗址理事会澳大利亚委员会在巴拉（Burra，Australia）通过了"关于有文化意义的场所保护的国际古迹遗址理事会澳大利亚宪章"（简称为《巴拉宪章》）。

《巴拉宪章》在"序言"中首先明确了保护"具有文化意义的场所"的目的，"具有文化意义的场所丰富了人们的生活，提供了与社区和景观、与过去的和现在的体验的更深层次的、有激发意义的联系。它们是历史记录，作为澳大利亚的认同与体验的物质性表达是重要的。具有文化意义的场所反映了我们社会的多样性，告诉我们自己是谁，也告诉我们那些构成了澳大利亚民族和自然景观的历史。它们是不可替代的、珍贵的"。对于"具有文化意义的场所"保护的各种方法都进行了明确的定义，并提出了保护"具有文化意义的场所"的原则。

（1）主要内容

定义"具有文化意义的场所"：

1）"场所"指用地、区域、土地、景观、建筑，建筑群或其他，也可能包括构件体块、空间和景观。

2）"文化意义"指对过去、现在和后代具有艺术的、历史的、科学的、社会的或精神上的价值。

定义了"保护"并阐释了具有文化意义的场所的基本保护方法，这些方法有维护（Maintenance）、保存（Preservation）、重修（Restoration）、重建（Reconstruction）、改造（Adaptation）和使用（Use）：

1）保护指为保持一个场所的文化意义而照料它的所有过程。

2）"维护"是对一个场所的组成结构及其环境给予持续的、防护性的照顾；"保存"指维持场所的组成结构及其环境的现状并减缓其衰败；"重修"是指将场所的现有组成结构和环境通过去除添加部分或重组现有组成部分的方式恢复到已知的较早时期的状态；而"重建"也是为了恢复到已知的较早时期的状态，二者的不同之处在于"重建"可以使用新的材料，而"重修"不能加入新的材料，只能利用现有的材料和组成部分；"改造"则意味着修改一个场所来满足现有的或某种特定的使用需求；"使用"指一个场所的功能，也就是在这个场所中发生的行为和活动。

（2）保护原则：

1）保护的目标是保持场所的文化意义；

2）保护基于对现有组成结构、用途、关联和意义的尊重，只有在必需的情况下才加以改变，并且改变要尽可能地少；

3）保护要首先选择传统的技术和材料。在某些条件下现代技术和材料也是适宜的，但它们必须经过实践验证。

《巴拉宪章》一方面秉承了《威尼斯宪章》的精神，另一方面又进一步发展、扩大了文化遗产的范围，小到建筑部件，大到建筑群、城镇区域；强调多方面、多角度的文化意义，而不再局限在艺术、历史、科学三个方面；对《威尼斯宪章》提出的保护方法和保护原则作出了更深入、更系统的阐明。

3.2.5　《佛罗伦萨宪章》

1981 年 5 月，国际古迹遗址理事会与国际景观建筑师联盟在佛罗伦萨（Florence，Italy）举行会议，制定了保护历史园林（Historic Gardens）的宪章，以古城佛罗伦萨命名。1982 年 12 月，《佛罗伦萨宪章》被国际景观建筑师联盟通过，作为《威尼斯宪章》的附件生效。

《威尼斯宪章》的内容中没有将历史园林包括在内，《佛罗伦萨宪章》即是对此的补充。因此《佛罗伦萨宪章》是以《威尼斯宪章》的总体精神为原则的，是在它所确立的理论框架内结合历史园林的特殊性而制定的。这种特殊性是由历史园林的主要构成要素之一的植物所赋予的生命力，历史园林是活的建筑遗产——"历史园林的面貌反映着季节循环，自然荣枯与艺术家和工匠们希望使之恒久不变的愿望之间的反复不断的平衡"。所以，保护历史园林的最基本的方法就是持续不断地、精心地保养和维护历史园林所在的物质环境的生态平衡。精心的保养一方面是日常的养护，另一方面是对新陈代谢的各种植物要素进行有计划的更新，以使历史园林的总体面貌保持在一个成熟的、稳定的、健康的状态。

3.2.6　《实施世界遗产公约操作指南》

1987 年 1 月，联合国教科文组织的"世界遗产委员会"在 1986 年的会议上制定了《实施世界遗产公约操作指南》（于次年公布）。《实施世界遗产公约操作指南》总结了《威尼斯宪章》实施几十年来保护工作所取得的科学成果，对文化遗产（cultural site）的概念、价值、意义和保护文化遗产的目的及原则、《威尼斯宪章》的理论价值进行了清晰的阐述和说明，并且再次明确了保护工作的目的、意义和今后的工作方向。

《实施世界遗产公约操作指南》的主要内容包括：

（1）文化遗产的重要性

《实施世界遗产公约操作指南》在导言部分就提出了"文化的认同"（identity）和"文化的多样性"（diversity）这两个关于人类自身文化发展与延续的非常重要的问题。从文化的广度和高度重申文化遗产的不可缺少性——"文化遗产的重要性在于它巩固了个人的和国家的文化趋同性"，"文化认同是一种归属感，它是由体现环境的许多方面引起的，它们使我们想起当今的世界与历史的世世代代之间的联系"。

（2）文化遗产的价值

《实施世界遗产公约操作指南》提出文化遗产的价值包括真实性，情感价值，文化价值和使用价值。保护文化遗产对于保护当今各国的文化认同具有重大的意义。

（3）保护原则

《实施世界遗产公约操作指南》主张最低程度的人为干预，强调人为的干预措施应是可逆的、可识别的……这些保护原则基本上仍是以意大利学派的理论为框架的。

（4）对于《威尼斯宪章》

《实施世界遗产公约操作指南》指出这仍是遗产保护的纲领性文件，它所提出的原则是有普遍意义的，并且随着社会条件的变化它还会继续变化和发展。各国应该依据《威尼斯宪章》结合实际情况制定自己国家的保护章程。

《实施世界遗产公约操作指南》从 1987 年第一次制定至今随着遗产保护运动的发展变化在不断进行着修订。

3.2.7 《华盛顿宪章》

1987 年 10 月，国际古迹遗址理事会第 8 届全体大会在华盛顿（Washington，USA）通过了《保护历史城市与城市化地区的宪章》，也称为《华盛顿宪章》。这是关于历史城市保护的最重要的国际文件，是历史城市和历史地区的保护工作开展多年以后的经验的全面总结。

《华盛顿宪章》在"历史地区"的基础上提出了"历史城市"（Historic Towns），把"整体保护"的概念加以扩大和提升。明确了"不论是经历了时间逐渐地形成的，还是精心创造出来的，所有的城市都是社会的多样性在历史中的表达"这一城市具有的作为人类记忆的见证者和物质载体的基本属性。

（1）基本原则

《华盛顿宪章》确立了保护历史城市及地区的基本原则，"为了最大限度地生效，历史城市和地区的保护应该成为社会和经济发展的整体政策的组成部分，并列入各个层次的城市规划和管理计划中去"。

强调历史城市和地区与生活其中的居民的难以分离的联系，"保护历史城市和地区首先关系到它们的居民"。保护的对象不只是历史城市和地区，更应该包括它们的居民的生活。

（2）保护方法

《华盛顿宪章》中提到的保护方法有：

1）对历史城市和地区内的建筑物进行经常的维修。改善住宅，这同时也是保护的基本目的之一。

2）新增加的功能活动与基础设施网络要与历史城市或地区的特点相符合。为使历史城市和地区适应现代生活，可以谨慎地设置或改进公共服务设施。

3）具有当代特点的新建筑因素只要与原有环境和谐就是受欢迎的，它们能为所在地区增添光彩。

4）必须严格控制历史城市和地区内的汽车交通，区域性的道路不能穿越历史城市或地区，但是要使进入历史城市和地区的交通方便。

5）必须采取抵抗和预防自然灾害及人为侵害的防卫性措施。

6）通过从学龄开始的教育计划使当地居民参与到保护工作中。他们的积极参与是保护工作获得成功的前提条件；采取适当的经济手段激励保护工作。

《华盛顿宪章》的产生表明历史城市和地区的保护与人的生存、发展的不可分割的关系通过各国多年来的实践工作已逐渐成为共识，历史城市和地区保护应坚持的人本主义立场已经确立。在基本原则和精神上，《华盛顿宪章》与《威尼斯宪章》是完全一致的，并且它们都注重原则性和指导性，没有过多涉及具体的保护措施和手段。

3.2.8　《奈良文件》

1994 年 11 月，世界遗产委员会第 18 次会议在日本古都奈良（Nara，Japan）召开。会议以《实施世界遗产公约操作指南》中的"真实性"问题为主题展开了详尽的讨论，形成《关于真实性的奈良文件》，简称为《奈良文件》。《奈良文件》的制定是为了对文化遗产的"真实性"概念以及在实际保护工作中的应用作出更详细的阐述。它是根据《威尼斯宪章》的精神，并结合当前世界文化遗产保护运动发展的状况形成的。

3.2.8.1　《奈良文件》的由来

亚洲的传统建筑多以木结构为主，为了保护和维修，需要修理和更换部件。在中国、日本对传统木构建筑都有落架大修的方式。例如日本的伊势神宫，按照"式年造替"的传统祭祀惯例，每隔 20 年会重建宫殿。在伊势神宫有两块并列的基地，一般当一块基地内的宫殿建成 20 年后，按照传统惯例即要在另一基地内，开始按原样建设新的宫殿，工期大约 10～20 年，所以在伊势神宫有 40 年以上历史的建筑是不可能存在的，它的宫殿建筑是既新且古的传统风格建筑，并且完好地保持奈良时代的式样。但是按照欧洲的保护观念，这一建筑显然不符合世界文化遗产的登录标准。也就是说，重建后的历史建筑，它的"真实性"如何判定成了一个很大的问题。但这样一个杰出的遗产，在日本人心目中有着非常崇高地位的文化代表，却与世界遗产的登录标准相差如此之大，从情感上来讲，似乎世界遗产理事会的官员们都觉得存在道理上讲得通却与原则相抵触的两难境地。日本也正是由于对真实性理解上的差异，一直到 1992 年以前都拒绝加入《保护世界遗产公约》。

按照 1964 年的《威尼斯宪章》，文化遗产作为历史的见证物，希望能够保留建设当初的材料，这对于欧洲等地的石结构建筑是适当的，对亚洲等地的木构建筑或土坯建筑等，也许就过于苛求了。然而木建筑文化的保护问题同样是非常重要的课题，于是产生了东西方在"真实性"问题的讨论与争论。这或许是因为今天的文化遗产保护实际上包括了世界上所有的文化区域的缘故。由于提名列入世界文化遗产名单者必须通过的基本考核要求之一就是"真实性"，于是就想到要深究并确定这个概念。1993～1995 年间，世界遗产理事会（ICOMOS）多次举行会议，针对这个主题进行了非常有建设性的讨论与对话。德国、意大利等欧洲保护先进国家政府间甚至互派专家进行工程调研和合作，就真实性问题在实践层面进行深入的研讨。

1994 年 11 月，在日本古都奈良召开了国际性关于真实性的奈良会议（Nara Conference on Authenticity）。会议讨论的成果形成了与《保护世界遗产公约》相关的《奈良真实性文件（Nara Document on Authenticity）》（简称《奈良文件》）。在此之后，世界遗产理事会研究制订了 1999 年《木结构文物建筑的保护与维修原则》（Principles for The Preservation of Historic Timer Structure，1999，ICOMOS，UNESCO），这也是就真实性问题的国际对话与研究所取得的直接成果。

3.2.8.2　《奈良文件》的主要观点

《奈良文件》保留了专家们深思熟虑的成果。世界遗产委员会注意到，对真实性是定义、评估、监控世界遗产的基本因素这一点已达成广泛的共识。同时专家们特别关注发掘世界文化的多样性以及对多样性的众多描述。概括《奈良文件》的观点就是：文化遗产真实性的观念及其应用扎根于各自文化的文脉关系之中，应给予充分的尊重。

（1）真实性的含义比准确的词汇更重要

"在世界一些语言中，并无可以精确传达真实性概念的词汇。"

"但是真实性这个词并没有必要在所有语言中都被使用，它如果被认为是关于真实的、确实的概念，它就已经存在了。"

（2）尊重文化的多样性

"就全体人类而言，我们这个世界的文化与遗产的多样性是精神与才智丰富性不可替代的源泉。作为人类发展的一个本质方面，应大力提倡保护和增加我们这个世界文化与遗产的多样性"（《奈良文件》第5条）。

"文化遗产的多样性存在于时间和空间中，因而要尊重其他文化及其信仰体系中的所有方面。一旦出现文化价值的冲突，对文化多样性的尊重要求承认各个团体的文化价值的合法性"（《奈良文件》第6条）。

"所有的文化和社会均扎根于由各种各样的历史遗产所构成的、有形和无形的固有表现形式和手法之中，对此应给予充分的尊重"（《奈良文件》第7条）。

"其中至关重要的是强调任何一种文化遗产都是所有人类的共同遗产这一联合国教科文组织的基本原则。对文化遗产的责任和管理首先应该是归属于其所产生的文化社区，接着是照看这一遗产的文化社区。然而，除这些责任之外，在决定相关原则与责任时，还应该遵守为文化遗产保护而制订的国际公约与宪章。所有社区都需要尽量在不损伤其基本文化价值的情况下，在自身的要求与其他文化社区的要求之间达成平衡"（《奈良文件》第8条）。

（3）真实性建立于对同一文化背景下的遗产价值特征的评判

"保护各种形式和各历史时期的文化遗产要基于遗产的价值。人们理解这些价值的能力部分地依赖与这些价值有关的信息源的确凿可信。对这些信息源的认识与理解，与文化遗产初始和后续的特征与意义相关，是全面评估真实性的必要基础"（《奈良文件》第9条）。

"以这种方式考虑的、并在《威尼斯宪章》中确认的真实性，是与遗产价值有关的最为基本的资格因素。在文化遗产的科学研究、保护与修复规划以及依《世界遗产公约》规定的登录程序和其他文化遗产清单使用时，对真实性的理解扮演着重要的角色"（《奈良文件》第9条）。

"在不同文化、甚至同一文化中，对文化遗产的价值特征及其相关信息源可信性的评判标准可能会不一致。因而，将文化遗产的价值和真实性置于固定的评价标准之中来评判是不可能的。相反，对所有文化的尊重，要求充分考虑文化遗产的文脉关系"（《奈良文件》第11条）。

"因此，在每一文化内，对遗产价值的特征及相关信息源的可信性与真实性的认识必须达成共识，这是至关重要、极其紧迫的"（《奈良文件》第12条）。

（4）真实性的指标权衡是判断的难点所在

"基于文化遗产的本性以及文脉关系，真实性的判别会与各种大量信息源中有价值的部分有关联。信息源的各方面包括形式与设计、材料与物质、使用与功能传统与技术、位置与环境、精神与感受以及其他内在的、外部的因素。允许利用这些信息源检验文化遗产在艺术、历史、社会和科学等维度的详尽状况"（《奈良文件》第 13 条）。

其中的信息源定义为："所有使了解、认识文化遗产性质、特点、意义和历史成为可能的实物、文字、口头和形象资料"（《奈良文件》附件二）。真实性本身并不难理解，但是真实性的判断包括了各种指标，它的难点不是去判断每个指标的真假，而是如何在这些指标中权衡出关于遗产的总体的真实性来。

因此《奈良文件》给了我们关于真实性的答案是：真实性是定义、评估、监控文化遗产的基本因素。世界文化和遗产的多样性使真实性的观念及应用扎根于各自的文化体系中，因而将其置于固定的标准之中来评判是不可能的，对所有文化都要给予充分的尊重。真实性取决于对文化遗产价值特征及相关信息的可信性的判断。

事实证明，能指引全世界共同保护遗产的不是某个具体的国际宪章或文件，而是蕴含其中的精神和理念。世界遗产保护的基点是人们共同认识到遗产的重要性以及将使之永久传承下去的信念。因此，就遗产保护的信念和精神来说，东西方亦不存在任何的差距。不同的文化造就了不同的丰富遗产，也就需要不同的实践与之相配，真实性的意义正在于此。

3.2.9 《会安议定书》

2001 年 3 月，联合国教科文组织在越南古城会安（Hoi An Ancient Town）制定了《关于亚洲的最佳保护实践的会安议定书》（简称《会安议定书》）。此议定书是"在亚洲文化的语境中确认和保存遗产真实性的专业导则"，它所关注并尝试解决的核心问题是在亚洲语境中如何确保真实性。

《会安议定书》包括"序言"、"意义与真实性"、"关于真实性的信息的来源"、"真实性和非物质文化遗产"、"对真实性的各种威胁"、"遗址保护的前提条件"、"亚洲问题"、"亚洲的特定方法"八个部分的内容。

在"序言"中，阐释了"亚洲语境中真实性的定义和评估"（Defining and Assessing "Authenticity" in an Asian Context）这一问题，"在亚洲，遗产的保护应该是而且将总是一种调和各种不同价值的协商解决的结果"，而这种协调解决多方问题的方法正是亚洲文化的一种内在价值；"真实性的保护是保护的首要目标，是必不可少的"；在亚洲的保护实践的专业标准中应该对遗产真实性的认定、记录、防护和保持问题加以明确、清楚的说明。

第八部分"亚洲的特定方法"是《会安议定书》的主体内容，分为"文化景观"、"考古遗址"、"水下文化遗址"、"历史城市与历史建筑群"、"文物、建筑物和构筑物"五个部分，每部分均包括"定义"、"框架概念"、"保护的威胁"、"真实性保护的措施"四个方面的内容。真实性保护的措施具体包括真实性的认定和记录，保护真实性的物质方面的内容，保护真实性的非物质方面的内容，遗产与社区、公众的关系。

《会安议定书》是《奈良文件》之后又一部以遗产的真实性为主题的重要国际文件。它是基于亚洲文化遗产保护的特点、真实性的现实问题与亚洲地区的文化遗产保护的实践提出的，注重的是对保护实践的具体指导作用。

3.3　国内保护文件

3.3.1　我国的文物保护管理制度及法规体系

我国的文物保护机构分为国家与地方两级。作为国家一级的文化行政管理部门，国家文物局主管全国的文物工作；在地方，县级以上的地方各级人民政府设立专门的文物保护管理机构，管理本行政区域内的文物工作。没有设立专门的文物保护管理机构时，由当地的文化行政管理部门承担本行政区域内的文物保护工作。

对文物保护单位的保护管理主要包括：①日常性的保护管理工作，以及制订保护工作计划；②对涉及文物保护单位的各项行为、活动的申请进行审批，包括对文物保护单位进行的日常维护管理之外的修缮、大修以及改扩建工程，特殊情况下的迁移工程或拆除，涉及文物保护单位的建设工程，变更文物保护单位的使用性质，在保护范围或建设控制地带内的各种建设项目等。但是审批的权力并不全在文物保护管理机构，对于文物保护单位使用性质的变更要由当地文化行政管理部门报政府批准，迁移或拆除文物保护单位要根据该文物保护单位的保护级别报同一级人民政府和上一级文化行政管理部门批准，而文物保护单位本身的大修、改扩建、涉及文物保护单位的建设工程、保护范围或建设控制地带内的各种建设项目等，在获得文物行政管理部门的同意后还要报城乡规划管理部门审批。

目前，我国的行政管理体系是把建筑遗产作为"资产"而不是"文物"来进行管理的，所以建筑遗产的管理分属于多个行政部门，而不是统一归属于文物部门。国家文物局作为我国专司文化遗产保护管理的行政机构，它所管理的文化遗产是不完全的。就建筑遗产来说，一部分古代建筑如宗教建筑归宗教局、宗教协会等宗教部门管理，历史园林归属园林局或林业局管理，其中被命名为"风景名胜区"的又划归住房和城乡建设部管理，历史文化名城（镇、村）也划归住房和城乡建设部管理，这些建筑遗产开放旅游时又要接受旅游部门的管理、评定和分级。

一个完备的法规体系由法律、条例、章程、标准等共同构成。我国现有的关于文物保护的法规体系由宪法、文物保护法、设计文物保护的专门的保护法等全国性的法律、法规及法规性文件和地方性的法规及法规性文件构成。

1982 年全国人大通过的《中华人民共和国文物保护法》，形成了我国文物保护的基本法。80 年代改革开放后，我国逐步建立了"单体建筑—历史街区—历史文化名城"由"点及线至面"多层次历史建筑保护体系，并先后颁布了《历史文化名城保护规划规范》（2005 年）、《城市紫线管理办法》（2004 年）、《历史文化名城名镇名村保护条例》（2008 年）等相关法律法规。

3.3.2　《中华人民共和国文物保护法》

3.3.2.1　概况

《中华人民共和国文物保护法》最早于 1982 年 11 月 19 日第五届全国人民代表大会常

务委员会第二十五次会议中通过并施行。《文物保护法》是中国文化领域第一部法律，它与中国的改革开放进程相伴而行。它的公布实施和每一次修改与修订，都是为我国文物保护和文物事业与政治、经济、文化和社会发展相适应作出的重大决策。

1991 年 6 月 29 日第七届全国人民代表大会常务委员会第二十次会议中通过《关于修改〈中华人民共和国文物保护法〉第三十条、第三十一条的决定》，这是第一次修改；

从 1996 年冬开始，启动了对《文物保护法》的修订，2002 年 10 月 28 日，第九届全国人大常委会第三十次会议通过了修订的《文物保护法》，由主席令公布施行；

2007 年 12 月 29 日中华人民共和国第十届全国人民代表大会常务委员会第三十一次会议通过《全国人民代表大会常务委员会关于修改〈中华人民共和国文物保护法〉的决定》，这是第二次修改；

2013 年 6 月 29 日第十二届全国人民代表大会常务委员会第三次会议通过《全国人民代表大会常务委员会关于修改〈中华人民共和国文物保护法〉等十二部法律的决定》，这是第三次修改；

2015 年 4 月 24 日第十二届全国人民代表大会常务委员会第十四次会议通过《关于修改〈中华人民共和国文物保护法〉的决定》，这是第四次修改。

《文物保护法》是我国文物保护法规体系的核心，是进行文物保护工作的基础依据。

该保护法共由八章组成。第一章为总则，首先明确表明颁布该法律的意义，接着针对受保护文物的种类、级别、所有权及基本保护方针等进行了概要说明。

受保护文物中又大致可分为不可移动文物和可移动文物，其中不可移动文物包括全国重点文物保护单位，省级文物保护单位，市、县级文物保护单位三类。可移动文物则分为珍贵文物和一般文物两种，其中珍贵文物又有一级文物、二级文物、三级文物之别。

对于文物的所有权问题，有如下规定：中华人民共和国境内地下、内水和领海中遗存的一切文物，属于国家所有。古文化遗址、古墓葬、石窟寺属于国家所有。国家指定保护的纪念建筑物、古建筑、石刻、壁画、近代现代代表性建筑等不可移动文物，除国家另有规定的以外，属于国家所有。国有不可移动文物的所有权不因其所依附的土地所有权或者使用权的改变而改变。

第二章开始到第五章分别针对不可移动文物、考古发掘、馆藏文物，民间收藏文物的登录办法、保护办法、相关部门对其保护的职责权限等问题进行了细致的说明。

第六章规定文物出境入境的相关准则，第七章针对破坏、买卖文物等犯罪行为的惩罚进行了说明。第八章为附则部分。

《文物保护法》的重要价值，可以概括为：

（1）开启了文物法律体系建设的新时代。《文物保护法》根据宪法制定，是文物保护管理的大法，是构建文物法律体系的核心。根据我国立法规定，《文物保护法》的公布，是制定文物保护行政法规，地方性法规、规章以及法规性文件的重要法律依据。换言之，文物保护法规和规章等都必须根据《文物保护法》等法律制定，与上位法规定相一致，不得与之相悖。经过 30 多年的努力，我国已建立起以《文物保护法》为核心，由文物保护的行政法规、地方性法规和规章等构成的具有中国特色文物保护法律体系，为文物保护管理和文物事业发展提供了重要的法律保障。

（2）开启了文物保护工作依法行政、依法管理的新时代。《文物保护法》公布实施，把文物保护管理纳入法制轨道。文物保护管理工作由多依据文物政策文件规定，转移到主要依据文物保护法律法规规定。这是一个重大的历史性转变。其转折点是1982年公布实施《文物保护法》。依法行政、依法管理，必须由法律规范文物保护秩序，依法维护国家、集体、个人对其所有文物所具有的各种正当利益或权益，依法维护文物保护管理工作的公平正义。《文物保护法》为依法行政、依法管理文物提供了重要法律依据。离开了它，依法行政、依法管理文物就失去了重要依据和主要内容，在一定程度上成为空话，建设法治政府就文物保护而言难以实现。

（3）文物保护法律为文物安全提供了重要保障。文物安全是文物工作的生命线。《文物保护法》，特别是2002年修订的《文物保护法》，就法律责任而言，有比较全面和系统的规定，对违反相关法律规定，须承担行政的，或刑事的，或民事的法律责任。就行政执法来说，涉及公安、工商、住建、环保和文物等行政管理部门。这些法律规定为文物安全提供了重要保障。

（4）文物法律是文物保护和文物事业领域贯彻依法治国方略的重要内容。为贯彻依法治国方略和科学发展观，我国已经构建了中国特色社会主义法律体系。该体系由宪法类、民商法类、行政法类、经济法类、社会法类、刑法类、诉讼法及非诉讼程序法类等七大类法律构成，国家的政治、经济、文化和社会建设做到有法可依。《文物保护法》是这一体系中行政法类中的主要法律之一，使文物保护管理工作，有法可依，在贯彻依法治国方略中有法遵循，促进文物事业健康、科学发展。

3.3.2.2　2002年新修订《文物保护法》与原法比较

《文物保护法》修订工作1996年冬开始，首先确定了修订《文物保护法》的三个重点方面：1）加大文物保护措施，2）进一步规范文物市场，3）加大执法力度。经国家文物局深入调研论证，起草了《中华人民共和国文物保护法（修订草案）》，后由文化部报国务院。经国务院法制办进一步调研、征求意见和论证，对草案修改后，由国务院提请全国人大常委会审议。2002年10月28日第九届全国人民代表大会常务委员会第三十次会议通过了《文物保护法》修订草案，修订后的《文物保护法》于2002年10月28日公布并施行。1992年4月30日国务院批准、1992年5月5日国家文物局发布的《中华人民共和国文物保护法实施细则》也重新修订为《中华人民共和国文物保护法实施条例》，于2003年5月公布施行。经过六年时间修订的《文物保护法》，比原法内容更加丰富，对文物保护规范更加全面和系统，涉及文物保护管理各个主要方面，从而进一步完善了文物保护法律制度，为文物保护管理工作提供了更加完备的法律保障，对促进文物事业健康有序、科学发展有重要的现实意义和深远的历史影响。

新修定的《中华人民共和国文物保护法》作了较大的补充和调整，由原来的33条扩展到80条，在内容上作了较大修订，提出的文物方针政策更加符合我国现阶段文物工作实际，对加强文物保护管理的要求更加明确，在规范我国文物保护的措施方面更具有可操作性和权威性，有关文物保护的原则和法理也表达得更为清晰和严谨。

修订后的《文物保护法》仍然由八个部分组成，但是与原法有所不同，分别是"总则"、"不可移动文物"（原法为文物保护单位）、"考古发掘"、"馆藏文物"、"民间收藏文物"（原法为私人收藏文物）、"文物出境进境"（原法为文物出境）、"法律责任"（原法为奖励与惩罚）、"附则"。与原法相比，新法首先在整体容量上增加了许多，一方面增添了新的内容，另一方面对原有的内容进行了修改、调整、补充和完善。

修订的《文物保护法》在文物的定义和包含类型上与原法相比要全面、严谨，明确地把近代、现代的建筑遗产与实物也纳入到文物的范畴之内，而原法没有给出"近现代"这个清晰的时间界定；为了更有针对性地、更清晰地制定保护原则，将文物划分为"不可移动文物"和"可移动文物"，区别于原法使用的"文物保护单位"和"文物"。这种新的划分方法也和国际上通用的文物分类方法相一致；新法增加了"历史文化街区"这一内容，从而确立了我国建筑遗产保护的三个基本层次：文物保护单位——历史文化街区——历史文化名城。从这几年公布的全国重点文物保护单位、省级文物保护单位、市县级文物保护单位等各级文物保护单位和国家级、省级历史文化名城与历史文化保护区来看，类型的丰富、数量的增加，都反映出我国对文物概念认识的发展和变化。

对于文物保护管理工作，新修订的《文物保护法》提出了更为严格、具体的要求。不仅要求制订文物保护单位和不可移动文物的具体保护措施，更重要的是要公之于众；还加强了对在文物保护单位的保护范围和建设控制地带内进行的各种行为、活动的控制，规定不得进行其他建设工程以及爆破、钻探、挖掘作业等可能对文物保护单位的安全造成威胁的活动，也不得建设污染文物保护单位及其环境的设施。这部分内容在原法中是没有的，这些具体的管理、控制要求反映出对不可移动文物以及与之相关的周围环境实施整体保护的概念的形成。同时，对既成事实的破坏和不良影响作出了处理规定，提出了"限期治理"以及"予以拆除"的要求，这都是原法所缺少的。

除上述内容之外，修订后的《文物保护法》增补和完善的一个重要内容就是明确了有关文物保护的法律责任，对于违反《文物保护法》的各项规定、破坏文物或对文物造成不良影响的各种行为和活动应该承担的法律责任或处罚都作出了详尽的规定。原法"第七章奖励与惩罚"从容量上来说，只包含三条内容，一条是对保护文物行为的精神鼓励或物质奖励的规定，一条是对违反《文物保护法》规定的一些行为的行政处罚，第三条则规定了要依法追究刑事责任的行为（主要是贪污、盗窃文物，故意破坏文物或名胜古迹，私卖文物，私自挖掘古文化遗址、古墓葬等）。修订后的《文物保护法》第七章为"法律责任"，包括15条内容，对追究刑事责任的违法行为这部分内容进行了调整和增补，增加了民事责任的内容，对不构成犯罪、给予处罚的破坏文物的行为，规定了有上、下限的罚款金额，并且实施处罚的主管部门也由原法中规定的工商行政管理部门改为文物主管部门。原法中没有关于对在文物保护单位的保护范围和建设控制地带内发生的破坏行为与活动的处罚内容，修订后的《文物保护法》也增补了这一内容。由于修订后的《文物保护法》在文物分类方式、文物保护层次方面的调整和完善，在"法律责任"部分也就相应地增加了针对不可移动文物、历史文化名城、历史文化街区的内容。历史文化名城、历史文化街区的称号不再是终身享有，对于已经获得历史文化名城及历史文化街区、村镇称号的城市、街区、村镇，如果遭到破坏就要撤销其称号，并要对相关责任人给予行政处分。

修订后的《文物保护法》还在原法的基础上对已有的内容进行了完善和调整，将文物保护工作中会涉及的多方面的具体问题考虑在内，从而有利于实际的操作。在法律责任的规定上，一是将可能出现的破坏《文物保护法》的行为与活动加以细化，二是加大了惩戒力度，以维护法律应有的威慑力，保证其执行的效果。

总体上来说，经过修订的《文物保护法》反映了这些年来我国文物保护工作所取得的长足进展和观念、认识上的更新、进步，其发展变化是非常明显的。但是在一些方面仍然不够完善、严谨和具体，存在着问题。

如术语和概念问题。术语是标准、规范的重要组成部分，遗产保护的术语不仅反映着遗产保护工作的自身特点，还反映着与遗产保护相关的其他学科的定性、定量与规律性的内容。作为我国文物保护法规体系的核心，《文物保护法》应当建立起科学、严谨的术语和概念系统作为整个保护法规体系的术语和概念的基础。在这个术语和概念的系统里，既包括有从国外遗产保护理论体系中引入的、已经在国际上普遍使用的术语和概念，还包括有根据我国的遗产特点和保护现状提出的适用于我国的术语和概念，这一方面是满足我国遗产保护工作的需要，一方面也是对国际遗产保护理论的贡献。因此，《文物保护法》中提出、使用的术语和概念都应该是有明确的定义和阐释的，而《文物保护法》对一些基本性概念的定义不够准确、科学和全面。例如对文物价值的定义，只承认"历史、艺术、科学价值"必然会使具备这三种价值之外的其他价值的文化遗产被排斥在文物的范畴之外，或者使具备其他价值的文化遗产的价值难以得到准确的评价；对可以认定为文物的近代、现代建筑遗产的定义尤其显得单薄、片面，还局限在革命纪念地，名人伟人纪念建筑及纪念物这样单一的类型上，过分强调实在的、具有物质属性的建筑物本身所应具备的品质和特性，也忽略了记录近代、现代这些不同历史阶段的其他大量的、类型丰富的文化遗产。

对于以建筑遗产为主的不可移动文物的保护级别的确定，《文物保护法》中缺乏规范的、严格的、可资参照的标准，只是笼统地规定"……根据它们的历史、艺术、科学价值，可以分别确定为全国重点文物保护单位，省级文物保护单位，市、县级文物保护单位"，没有提出对应于各个保护级别的评定标准，也没有说明三个保护级别的区别。

对"历史文化名城、历史文化街区"的选定标准，修订后的《文物保护法》定义的也不够详细和全面。"历史文化名城"、"历史文化街区"，都应该是指历史、文化积淀丰富的城镇和街区，而且这种积淀应该主要表现为数量较为可观的、物质的、有形的建筑遗产，否则会使人难以感受和体验到历史与文化的积淀。在实际情况中，我们常常会看到一些拥有历史文化名城、历史文化街区称号的城镇、街区，显然是已经丢失了历史的面貌，混杂在毫无特色、面目雷同的所谓现代化城镇中。造成这种状况的原因大致有两类，一是有些城镇历史确实悠久而且内容丰富，但是这种悠久和丰富只是存在于文献中，存在于历史记录中，到今天几乎没有留存下什么实在的、可视的、有形的遗产；二是有些城镇留存下来的遗产以可移动文物或地下遗址为主，按照通常处理可移动文物的方式——在博物馆中集中收藏集中展示，这些文物大多会脱离原生的环境成为独立存在的展品、藏品，与其本来赖以存在的空间与环境不再有什么联系，地下遗址若没有条件进行展示，常以回填方式处理，继续以隔绝的、孤立的状态存在。所以，《文物保护法》第二章"不可移动文物"第十四条所规定的"保存文物特别丰富……"对其中的"文物"应该有更进一步的说明和更明确的界定。需要明确历史文化名城应该是指具有实在的、可视的物质形体，能使人置身其中直接感受与体会历史、传统、文化，并能够形成美好经过的空间及环境。这同时也就决定了构成它们的主要元素是建筑遗产，而且是达到一定数量的、彼此之间具备某种内在的时间或空间关联的建筑遗产，这就是历史文化名城的定义中"文物"所指的主要含义。

相当长时间以来，我国文物领域重视可移动文物多于不可移动文物的习惯也反映在《保护文物法》的控制性规定中，要追究刑事责任的基本上是破坏可移动文物的行为，破坏不可移动文物的行为主要是行政处分和罚款，也就是说在我国破坏珍贵的可移动文物的行为要追究刑事责任，而毁掉一个历史城市或拆除一座古代建筑的行为却不会受到与其造成的后果相当的、足够严厉的处罚或刑事惩罚。

3.3.2.3　明确文物保护的核心原则

1982 年，《中华人民共和国文物保护法》第 14 条规定："核定为文物保护单位的革命遗址、纪念建筑物、古墓葬、古建筑、石窟寺、石刻等（包括建筑物的附属物），在进行修缮、保养、迁移的时候，必须遵守不改变文物原状的原则"。第一次以法律条文的形式把文物建筑的维修原则确定为"不改变文物原状"。

1986 年，文化部为贯彻《文物保护法》又下发了《纪念建筑、古建筑、石窟寺等修缮工程管理办法》。在此文件中，更加明确了文物建筑的修缮原则，其中还有具体解释："不改变原状的原则，系指始建或历代重修、重建的原状……拟定按照现存法式特征、构造、特点进行修缮或采取保护性措施；或按照现存的历史遗存，复原到一定历史时期的法式特征、风格手法、构造特点和材料质地等进行修缮的原则"。这一原则性的解释，是对当时文物保护理论界的总结，着重于法式、构造、材料等的原状。

基于如何保护文物原状，文物保护界在总结长期古建筑保护经验的基础上，并参考国外的经验，提出了"四保存"原则。

（1）保存原来的建筑形制

包括原来的平面布局、原来的造型、原来的艺术风格。

（2）保存原来的建筑结构

古建筑的结构主要反映了科学技术的发展，各个时期的各种建筑物的结构都会不同，如果在保护过程中改变了原有结构，则古建筑的科学技术价值就会被破坏。

（3）保存原有的建筑材料

建筑材料随着建筑的发展而不断产生、更替、组合，它反映了建筑工程技术、建筑艺术发展的进程，反映了建筑形式的特点，如果随意用现代材料代替古建筑材料，将使古建筑所蕴含的价值受到严重破坏，以至于造成不可弥补的损失。

（4）保存原来的工艺技术

要切实达到保存古建筑的原状，除了保存其原有形制、结构、材料外，还应保持原来的传统工艺技术。

3.3.3　《中国文物古迹保护准则》

《中国文物古迹保护准则》（下简称《准则》）是 2000 年 10 月由中国国家文物局、美国盖蒂保护所以及澳大利亚遗产委员会合作完成编写的，是中国文物保护体系和西方相关体系在 ICOMOS 的架构中将西方文物保护宪章落实到中国文物保护实践中的成果，已成为我国文物保护修复实践中的指导性纲领与重要参考。

《文物保护法》等相关法规文件制定了文物保护框架和指导思想，在很多方面作了硬性规定。《准则》是一份官方推荐的文件，但不具法律强制力。《准则》是在中国文物保护法规体系的框架下，对文物古迹保护工作进行指导的行业规则和评价工作成果的主要标准，也是对保护法规相关条款的专业性阐释，同时可以作为处理有关文物古迹事务时的专业依据。《准则》在法规体系指导下首先将国际宪章的内容与中国的国情实际相结合；其次，协调了宏观法规与文物古迹保护具体操作间的关系，使之与微观的技术规范和操作方法相衔接。

《准则》由三部分组成：第一部分是《中国文物古迹保护准则》正文，含有38条，共包括5章，分为总则、保护程序、保护原则、保护工程、附则；第二部分是《关于〈中国文物古迹保护准则〉若干重要问题的阐述》，对《准则》中涉及的16项重要问题进行深入地解释和论述；第三部分为《中国文物古迹保护实例》，选择文物保护的成功实例，进一步说明如何理解和应用《准则》的条款。

3.3.3.1 《准则》中的保护原则

《准则》根据《文物保护法》及《威尼斯宪章》中保护文物古迹真实性、不改变其原状的原则，产生出如下在保护全过程中运用的基本原则。

（1）以研究指导保护

《准则》第6条，"研究应当贯穿在保护工作全过程，所有保护程序都要以研究的成果为依据。"该条是《威尼斯宪章》第2条的延伸，"古迹的保护与修复必须求助于对研究和保护考古遗产有利的一切科学技术。"

（2）保护实物原状与历史信息，新添加的技术处理可识别

《文物保护法》中明确规定，"必须遵守不改变文物原状的原则"，《准则》延续了这一原则，第2条规定："所有保护措施都必须遵守不改变文物原状的原则"。在延续的基础上做出了详细规定，在《关于不改变原状》一文中："不改变文物原状的原则可以包括保存现状和恢复原状两方面内容"，规定了哪些情况必须保存现状，哪些情况下可以考虑恢复原状。

在"不改变文物原状"的原则指导下，保护现存事物的原状及其历史信息是最基本的操作要求。而为了保持文物古迹得以延续，所添加的任何必要措施都应当与实物原状相区别，以保证不干扰历史信息的表达。

《准则》在这方面所做的规定，较之《文物保护法》更为具体，并强调了国际保护原则中通行的"可识别性"原则。准则第21条中强调："一切技术措施应当不妨碍再次对原物进行保护处理；经过处理的部分要和原物或前一次处理的部分既相协调，又可识别。"并且在其《阐述》中，"可逆性"出现了三次，分别是：第4.4.3条"所有工程都应当是非永久性构造，是可逆性的，必要时能全部恢复至原来的状态"；第11.3.1条"直接施加在文物古迹上的防护构筑物，应主要用于缓解近期有危险的部位，要尽量简单，具有可逆性"；第11.4.2条"保护性建筑和防护设施不得损伤被保护文物古迹的原状，而且是可逆的"。并且在第11.1.2条中提出"留有余地，不求一劳永逸，不妨碍再次实施更有效的防护加固工程"。

逐条分析，可以看出在《准则》第21条中强调了技术措施的"可再处理性"，并在《阐述》中分三种情况提出了"可逆性"，通过"应当、是"，"要尽量、具有"，"不得、

是"，三组词表明了不同情况下对技术措施的"可逆性"有不同程度的要求，体现了"可逆性"不是一个绝对的、没有弹性的概念。这样的描述将"可逆性"这个理想化的概念转变为对具有不同程度的"可逆性"的技术措施的选择，实现了"可逆性"原则从理论到实践的跨越。

（3）实施最低限度干预，保证其过程可逆，并加强日常保养

最低限度干预原则，包括文物凡是近期没有危险的，应尽量少干预；必须干预时，只对有害部分进行尽可能少的干预。一般较完整、老化变质不明显的文物，都应把重点放在控制或改善其保存环境方面，以利于文物的保存使用；当材料老化变质速度已经很快、程度又非常严重时，如果不对其进行必要的保护性修复就无法继续保存时，则采用适当的修复材料与工艺对其进行直接性修复保护。

在《准则》中通过如下条款表达了《威尼斯宪章》中"不可避免的添加"以及"任何添加均不允许"所代表的最低限度干预的原则。

《准则》第 19 条："尽可能减少干预。凡是近期没有重大危险的部分，除日常保养以外不应进行更多的干预。必须干预时，附加的手段只用在最必要部分，并减少到最低限度。采用的保护措施，应以延续现状，缓解损伤为主要目标。"

在保证文物古迹安全的前提下，只有加强日常保养才能有助于减少干预，延长文物古迹的寿命。《威尼斯宪章》第 4 条明确规定："古迹的保护至关重要的一点在于日常维护"，对此《准则》第 20 条做出了具有可操作性的详细规定，"日常保养是最基本和最重要的保护手段，要制定日常保养制度，定期监测，并及时排除不安全因素和轻微的损伤。"

（4）必须原址保护，必须保护文物环境

文物古迹不能与其所处地点相分离。原基址和原环境是文物古迹完整性的重要组成部分，而"完整性"本质上是文物古迹"真实性"的一部分，只有在文物所处的原环境当中，古迹所具有的突出价值才能得以充分的体现。《准则》第 18 条，"只有在发生不可抗拒的自然灾害或因国家重大建设工程的需要，使迁移保护成为唯一有效的手段时，才可以原状迁移，易地保护。易地保护要依法报批，在获得批准后方可实施。"该条与《威尼斯宪章》第 8 条体现的主导思想相一致，"作为构成古迹整体一部分的雕塑、绘画或装饰品，只有在非移动而不能确保其保存的唯一办法时方可进行移动。"

对于文物古迹的原有环境，《准则》做出如下规定："必须保护文物环境。与文物古迹价值关联的自然和人文景观构成文物古迹的环境，应当与文物古迹统一进行保护。必须要清除影响安全和破坏景观的环境因素，加强监督管理，提出保护措施。"该条体现了《威尼斯宪章》中的精神，"古迹的保护包含着对一定规模环境的保护"和"古迹不能与其所见证的历史和其产生的环境分离"。

（5）尽量保留传统工艺，采用有效的现代技术手段

《威尼斯宪章》第 6 条规定"当传统技术被证明为不适用时，可采用任何经科学数据和经验证明为有效的现代建筑及保护技术来加固古迹。"《准则》参照该规定，结合我国的情况制定了第 22 条："按照保护要求使用保护技术。独特的传统工艺技术必须保留。所有的新材料和工艺都必须经过前期试验和研究，证明是最有效的，对文物古迹是无害的，才可以使用。"

3.3.3.2 阐明了"社会效益"、"经济效益"与文物古迹保护的关系

对于文物建筑的价值,《准则》的编写没有脱离《文物法》的定义。虽是遗憾,但是在《关于〈中国文物古迹保护准则〉若干重要问题的阐述》中,加入了《关于社会效益和经济效益》一文,审慎的阐明了"社会效益"、"经济效益"与文物古迹保护的关系:既要展示文物古迹的全部价值,发挥其"社会效益",又应正确引导其带来的"经济效益",避免对文物古迹任何形式的损害。并在《关于文物古迹》有关文物价值的段落写明:"对文物价值的认识不是一次完成的,而是随着社会发展,人们科学文化水平不断提高而不断深化的"。

并且,在《准则》文件中加入了合理利用的条款,其中说明了不应为了任何利用需要损害文物古迹的价值。《准则》第4条:"文物古迹应当得到合理的利用。利用必须坚持以社会效益为准则,不应当为了当前利用的需要而损害文物古迹的价值。"

3.3.4 《历史文化名城名镇名村保护条例》

在城市化高速发展的今天,由于地方社会对历史文化遗产和"新农村建设"的片面错误理解,加之缺乏必要的专项法规的约束,我国许多历史文化名城、名镇、名村已经遭受严重的破坏,如果不能迅速有效地扭转这种局面,国家文化软实力将会受到严重影响。

国务院于2008年4月22日颁布实施的《历史文化名城名镇名村保护条例》,从法律形式上明确规定了我国历史文化遗产保护的各项内容,既是对世界历史文化遗产保护理念和方法的继承和发扬,同时也是对我国半个世纪以来历史文化遗产保护理论与实践的总结,标志着中国历史文化遗产保护工作进入了一个崭新的历史阶段。

3.3.4.1 特征

《条例》的特征主要表现在以下几个方面:

(1)遗产保护对象和保护内容上均有所扩展

《条例》第七条规定:"具备下列条件的城市、镇、村庄,可以申报历史文化名城、名镇、名村:(一)保存文物特别丰富;(二)历史建筑集中成片;(三)保留着传统格局和历史风貌;(四)历史上曾经作为政治、经济、文化、交通中心或者军事要地,或者发生过重要历史事件,或者其传统产业、历史上建设的重大工程对本地区的发展产生过重要影响,或者能够集中反映本地区建筑的文化特色、民族特色。申报历史文化名城的,在所申报的历史文化名城保护范围内还应当有2个以上的历史文化街区。"可见,《条例》所规定遗产保护对象——名城、名镇、名村,不再仅仅限于国家级历史文化名城、重要建筑物或部分历史街区的保护,已经深入到小城镇、村庄领域,扩大了保护对象;不仅仅对物质遗产进行保护,已经深入到历史空间遗产领域。在遗产保护对象和内容上的扩展,反映了遗产保护的新视野。

(2)经费来源更加明确

以往各类遗址、历史文化遗产保护过程中,经费短缺是长期以来制约保护工作的瓶颈,而《条例》第四条明确规定:国家对历史文化名城、名镇、名村的保护给予必要的资金支持。具体明确了经费来源是由历史文化名城、名镇、名村所在地的县级以上地方人民政府,根据本地实际情况安排,并列入本级财政预算。

（3）对遗产进行强制保护

在 2007 年 10 月 28 日通过的《中华人民共和国城乡规划法》中第三十一条，虽然涉及遗产保护内容，但规定较为笼统，缺乏强制性。《条例》不仅完整规定了保护对象和内容，而且提高了强制性。规定"对符合本《条例》第七条规定的条件而没有申报历史文化名城的城市，国务院建设主管部门会同国务院文物主管部门可以向该城市所在地的省、自治区人民政府提出申报建议；仍不申报的，可以直接向国务院提出确定该城市为历史文化名城的建议"。《条例》第四十四条还对违反本条例规定，损坏或者擅自迁移、拆除历史建筑的违法行为，提出了补救、没收违法所得、罚款、承担赔偿责任等强制性规定。

（4）遗产保护管理措施、保护原则、保护方法与国际标准一致

《条例》积极吸收了国际保护领域的先进理念，在遗产保护管理措施、保护原则、保护方法等方面均能与国际标准一致。《条例》第三条、第十二条明确了"历史文化名城、名镇、名村的保护应当遵循科学规划、严格保护的原则，保持和延续其传统格局和历史风貌，维护历史文化遗产的真实性和完整性，继承和弘扬中华民族优秀传统文化，正确处理经济社会发展和历史文化遗产保护的关系"的理念和"对已批准公布的历史文化名城、名镇、名村，因保护不力使其历史文化价值受到严重影响的，批准机关应当将其列入濒危名单，予以公布，并责成所在地、市、县人民政府限期采取补救措施，防止情况继续恶化，并完善保护制度，加强保护工作"的规定。在保护原则上，坚持遗产保护的原真性和完整性原则，《条例》第二十三条、第二十七条明确了"在历史文化名城、名镇、名村保护范围内从事建设活动，应当符合保护规划的要求，不得损害历史文化遗产的真实性和完整性，不得对其传统格局和历史风貌构成破坏性影响"的原则和"对历史文化街区、名镇、名村核心保护范围内的建筑物、构筑物，应当区分不同情况，采取相应措施，实行分类保护"的原则。在保护方法上，《条例》第二十一条、二十二条明确了"历史文化名城、名镇、名村应当整体保护，保持传统格局、历史风貌和空间尺度，不得改变与其相互依存的自然景观和环境"的整体保护思想，提出了"历史文化名城、名镇、名村所在地县级以上地方人民政府应当根据当地经济社会发展水平，按照保护规划，控制历史文化名城、名镇、名村的人口数量，改善历史文化名城、名镇、名村的基础设施、公共服务设施和居住环境"的规定。同时，《条例》第三十四条还明确了原址保护原则，规定建设工程选址，应当尽可能避开历史建筑；因特殊情况不能避开的，应当尽可能实施原址保护。

3.3.4.2　意义

国务院《历史文化名城名镇名村保护条例》的颁布实施，是历史文化名城名镇名村保护工作的一个重要里程碑，对于我国历史文化名城名镇名村依法保护和管理具有重要意义。

（1）有利于加强历史文化名城名镇名村保护与管理

《文物保护法》、《城乡规划法》的颁布实施，为历史名城名镇名村的保护确立了法定地位，《保护条例》的及时出台，则分别对历史文化名城名镇名村的申报批准、保护规划的编制、保护措施等多方面进行了具体规定。提出了名城名镇名村的基本条件，解决了名城名镇名村保护谁来管、管什么、如何管等方面的问题，这对于正处在城镇化进程中名城

名镇的保护和新农村建设中名村的保护显得尤为重要。

（2）有利于历史文化名城名镇名村传统格局和历史风貌的传承延续

改革开放三十多年来，我国经济社会和城乡建设取得了巨大发展，在与西方发达国家的差距不断缩小的同时，也存在着一些地方绵延久远的历史文脉正在被无情割裂，一些古老的城市、村镇不同程度地受到现代化建设的侵袭，传统风貌和历史格局受到一定程度的破坏等问题。《保护条例》强调了对名城名镇名村传统格局、历史风貌的整体保护，以及名城名镇名村优秀传统文化的传承和延续。

（3）有利于弘扬和培育民族精神，培育广大人民群众的爱国热情

历史文化名城名镇名村是我国在漫长历史进程中，遗留和保存下来的宝贵历史文化遗产，是城乡社会发展、民族地域文化融合和优秀传统文化的真实载体和历史见证，是维系中华民族团结统一的重要精神纽带。《保护条例》的出台，不仅有利于传承历史文脉、发展先进文化，而且对于增强人民群众对各民族文化的认同感、归宿感和自豪感，在东西方文化交流中充分发扬和展示我国传统文化，增强中华民族的凝聚力和创造力等方面都具有不可替代的重要作用。

（4）有利于构建社会主义和谐社会

历史文化名城名镇名村是人民群众世世代代生活的场所，但由于形成年代久远，基础设施和公共服务设施相对落后，不能完全满足人们现代生活的需求。因此，在保护历史遗存的同时，逐步改善名城名镇名村的基础设施和公共服务设施，保障原居民的人居环境，这是体现以人为本的理念和建设社会主义和谐社会的必然要求。

3.3.5 《曲阜宣言》

《关于中国特色的文物古建筑保护维修理论与实践的共识——曲阜宣言》发表于2005年10月，恰逢在曲阜举办的当代古建学人第八届兰亭叙谈会和《古建园林技术》杂志第五届二次会议期间，当代古建学人、艺匠工师，就我国以木构建筑为主体的文物古建筑的保护维修理论与实践问题进行了深入讨论，最终达成一致共识，撰写了《曲阜宣言》，以罗哲文先生为首的33位著名中国古建筑学家集体为宣言签名，如图3-1所示。

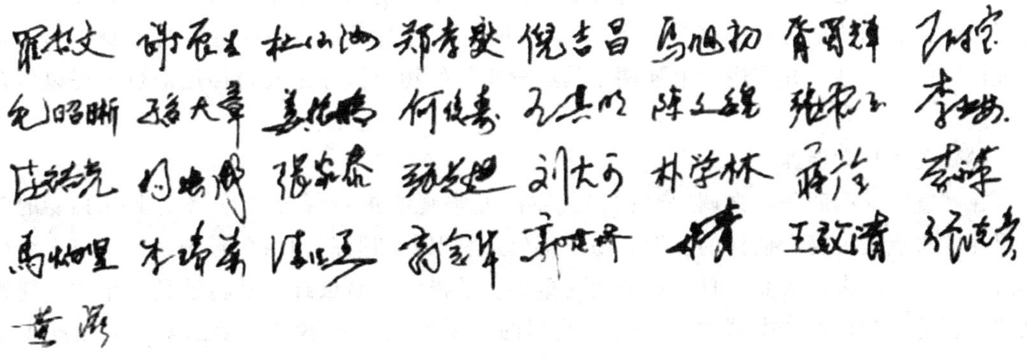

图 3-1 曲阜宣言的专家签名

《曲阜宣言》共计十二条组成，内容不求大而全，却体现着术业专攻的从业态度，凝

聚着文物保护工作者丰富的经验总结与深切的亲身感悟。《宣言》指出：以木结构为主体的中国古建筑，在世界建筑之林独树一帜，有区别于世界其他建筑的鲜明特点，它在材料、技术、构造做法、损毁规律及保护维修手段方面与西方古建筑有许多不同之处。因此，要紧密结合我国文物古建筑的实际，根据《中华人民共和国文物保护法》规定的"不改变原状"的原则去制定我们文物古建筑保护的方针、政策、方法。

《曲阜宣言》主要在以下几个方面结合我国以木结构为主体的中国古建筑的特殊性，进行了较为详细的阐述。

（1）关于"不改变原状"

在《曲阜宣言》的第二条和第七条中均提到了"四原"（即原型制、原材料、原结构、原工艺）的原则。对于损坏了的文物古建筑，修复的方法"不应千篇一律"，只要按照"四原"的原则进行认真修复，科学复原，依然具有科学价值、艺术价值和历史价值。按照"不改变原状"的原则科学修复的古建筑不能被视为"假古董"。

何谓"原状"？《曲阜宣言》在第八条中作出了明确的陈述："是文物建筑健康的状况，而不是被破坏、被歪曲和破旧衰败的状况。衰败破旧不是原状，是现状。现状不等于原状。"这一条中还说："不改变原状不等于不改变现状。对于改变了原状的文物建筑，在条件具备的情况下要尽早恢复原状。"《宣言》中并未对文物古迹所谓的"健康"做进一步的阐述说明，导致"健康"一词所指含糊不清，也是值得商榷的。从字面看，《曲阜宣言》所说的"衰败破旧不是原状，是现状"无疑是正确的，但是，文物建筑改变了原状以后，衰败和破旧的过程和衰败破旧的状态可能会有一些有价值的信息包含其中，这些有价值的历史遗留痕迹是否应该保留？它没有明确说明，只是强调要"尽早恢复原状"。《曲阜宣言》虽并未说必须要恢复文物古建筑的原始状态，但态度比较鲜明，是倾向于恢复原始状态的。

（2）关于文物建筑的价值

《曲阜宣言》第二条中指出，"以木结构为主体的文物古建筑是……具有科学价值、艺术价值和历史价值的"，这种对文物建筑的价值认定与《文物保护法》、《中国文物古迹保护准则》是基本一致的。

同时，《曲阜宣言》在其最后一条，即第十二条中提出："文物的价值在于它的存在。只有将文物完好地保存下来，它才有历史价值、艺术价值和科学价值可言。如果文物不存在了，那么它的价值也就彻底丧失了。"这一论述本质上还是在强调古建筑本身作为"物质证据"的重要性，并在逻辑上强调了其历史建筑的物质保存是其精神层面价值得以保存的前提。

（3）关于日常保养

在《宣言》第四条中强调"对柱根、屋面经常观测进行保养性维修是十分必要的"。其保养的重点是灾害和损伤的多发、易发部位，将保养和监测相结合起来。对于以木结构建筑为主的中国古建筑而言日常保养尤为重要，易损毁、易虫蛀、易腐蚀是木结构古建筑面临的普遍问题，而"中国古建筑快速残损的主要原因，并不是自然因素，而是缺少维修。"可见，日常保养工作被视为必要的环节，其目的是及时排除隐患，避免以后更多干预。

（4）关于落架大修

对于"落架大修"这一修复方法，《宣言》秉持了极为慎重的态度，虽然指出"落架大修"是使得古建筑祛病延年的彻底有效的传统修缮方法，但又强调"落架大修"要慎重。《宣言》在第六条指出"落架大修要慎重，能用其他方法解决问题的，应尽量采用其他办法。"

（5）关于原真性

从《曲阜宣言》的内容中不难看出其受到《奈良原真性文件》的学术影响，《宣言》第十一条指出："文物古建筑的保护不仅要保护文物本身，还要保护传统材料和传统技术。离开了传统材料、传统工艺、传统做法这些最基本的要素，就谈不上文物保护。文物古建筑修缮必须重视采用传统技术和材料。"这一观点与《奈良文件》对原真性的东方解读内容如出一辙。

总之，《宣言》的制订，其发起源于实践界的老前辈，针对的是实践界在文物保护工作中面临的困境和遇到的问题，所探讨的内容往往涉及十分细节、具体的现象和做法，比如《宣言》第四条中列举由木构架腐朽所带来的一系列问题，再比如油饰彩画的修复方法在《宣言》当中以第七条独立成一条的形式加以强调。《宣言》的提出具有以下贡献：强调了木构建筑有着自己特殊的损毁规律；充分反映了北京地区从清末至今的修缮经验，成为非常有益的经验总结；强调"四原"，具有一定的理论价值；强调国情，强调我国特有的修缮方法，如更换构件、可以重建。经验总结固然弥足珍贵，而将实践中得来的经验经过提炼上升到一定的理论高度，才能更好地为今后的实践活动提供有效的理论指导。《宣言》所解决的问题似乎更多停留在实践的层面，一旦触及问题更深的理论层面则难免有这样或那样尚待推敲之处。

3.3.6　有关保护的地方性法规

有关保护的地方性法规是省、自治区、直辖市以及省级人民政府所在地的市和国务院批准的较大的市的人民代表大会及常务委员会根据《宪法》、《文物保护法》以及相关法律和行政法规，结合本地区的实际情况制定的关于文物保护的规范性文件。

目前有关保护的地方性法规基本上包括三种类型：一是地方性的"文物保护法"，包括保护管理条例、保护管理实施办法、实施文物保护法办法等，是各地区以《文物保护法》为原则和根本，结合本地区文物的特点和实际状况制定的，在内容构成与具体规定上都与《文物保护法》基本一致；二是针对某一类型的文物，包括文物保护单位、历史文化保护区和历史文化名城，制定的保护管理条例、规定或办法，内容侧重于具体的保护范围划分、保护管理机构设置、保护管理措施等；三是针对某一个不可移动文物制定的保护管理办法或规定，其主要内容也是关于保护范围划分、保护管理机构设置、保护管理措施等的具体规定。

地方性保护法规是我国保护法规体系中不可缺少的组成部分。就目前我国的三个保护层次来说，有关"文物保护单位"的保护法规在数量上是最多的，内容也最为全面。而有关"历史文化保护区"和"历史文化名城"的基本上以地方性法规为主，地方性保护法规与全国性保护法规相互补充，基本上能够涵盖遗产保护的三个层次，但是仍然不完善，尤其是有关历史文化保护区和历史文化名城的保护法规急需充实和发展（表3-2）。

我国现有的主要地方性保护法规 表 3-2

法规类型	法规名称(公布/施行时间)
地方性文物保护法规	《上海市文物保护条例》(2014 年) 《河南省文物保护法》(2004 年) 《吉林省文物保护管理条例》(2002 年) 《山东省文物保护管理条例》(1990 年公布,1994 年修订) 《山东省文物保护条例》(2010 年) 《北京市文物保护管理条例》(1998 年) 《河北省文物保护管理条例》(1993 年) 《湖北省文物保护管理实施办法》(1993 年) 《陕西省文物保护管理条例》(1995 年) 《四川省文物保护管理办法》(1995 年) 《西藏自治区文物保护管理条例》(1996 年) 《浙江省文物保护管理条例》(1997 年) 《江西省文物保护管理办法》(1997 年) 《广西壮族自治区文物保护管理条例》(1997 年) 《海南省文物保护管理办法》(1997 年) 《湖南省文物保护管理条例》(1997 年) 《福建省文物保护管理条例》(1997 年) 《新疆维吾尔自治区文物保护管理若干规定》(1997 年) 《宁夏回族自治区文物保护单位管理办法》(1997 年) 《广州市文物保护管理规定》(1994 年) 《苏州市文物保护管理办法》(1998 年) 《青海省实施文物保护法办法》(2001 年) 《甘肃省实施文物保护法办法》(1997 年) 《云南省实施文物保护法办法》(1993 年) 《天津市文物保护管理条例》(1987 年) ……
针对某一类型建筑遗产的保护法规	《天津市历史风貌建筑保护条例》(2005 年) 《北京历史文化名城保护条例》(2005 年) 《北京历史文化名城保护规划》(2002 年) 《西安历史文化名城保护条例》(2002 年) 《上海市历史文化风貌区和优秀历史建筑保护条例》(2002 年) 《上海市关于本市历史建筑与街区保护改造试点的实施意见的通知》 (1999 年) 《广州历史文化名城保护条例》(1999 年) 《福州市历史文化名城保护条例》(1997 年) 《山东省历史文化名城保护条例》(1997 年) 《延安革命遗址保护条例》(2001 年) 《苏州园林保护与管理条例》(1997 年) 《河南省古代大型遗址保护管理暂行规定》(1995 年) 《上海市优秀近代建筑保护管理办法》(1991 年) ……
针对某一具体建筑遗产的保护法规	《福建省武夷山师姐文化和自然遗产保护条例》(2002 年) 《南京城墙保护管理办法》(1996 年发布,2004 年修改重新发布) 《西安市周丰镐、秦阿房宫、汉长安城和唐大明宫遗址保护管理条例》 (1995 年) 《大同市云冈石窟保护管理条例》(1997 年) 《天津市黄崖关长城保护管理规定》(1993) ……

3.4 组织机构

3.4.1 国际古迹遗址理事会（ICOMOS）

国际古迹遗址理事会（ICOMOS）是在联合国教科文组织协助下于 1965 年成立的一个国际非政府专业组织，总部设在法国巴黎，主要从事人类不可移动文化遗产的保护与研究。是世界遗产委员会的专业咨询机构。它由世界各国文化遗产专业人士组成，是古迹遗址保护和修复领域唯一的国际非政府组织，在审定世界各国提名的世界文化遗产申报名单方面起着重要作用。

我国于 1993 年加入 ICOMOS，成立了国际古迹遗址理事会中国委员会（ICOMOS China），即中国古迹遗址保护协会。国际古迹遗址理事会（ICOMOS）第 15 届大会暨国际科学研讨会，于 2005 年 10 月 17 日至 21 日在世界著名古都西安举行，大会通过了《西安宣言》。国际古迹遗址理事会西安国际保护中心，于 2006 年 10 月 1 日在西安成立。

国际古迹遗址理事会（ICOMOS）形成的主要文件如下：

（1）1931 年《修复历史性文物建筑的雅典宪章》

国际古迹遗址理事会（ICOMOS）的前身是历史性纪念物建筑师及技师国际协会（ICOM）。1931 年第一届"国际历史古迹建筑师及技术专家国际会议"（The First International Congress of Architects and Technicians of Historic Monuments）在雅典召开，会议通过了《修复历史性文物建筑的雅典宪章》，第一次以国际文件的形式确定了文物建筑保护的原则。其理论基础是意大利学派的。这也说明意大利学派的理论观点得到了国际范围内的广泛认可，成为国际性的遗产保护的指导思想。《修复历史性文物建筑的雅典宪章》是一个对于遗产保护具有重要指导意义的国际性文件，它的重要意义在于开始确立遗产保护的观念与行动的科学规范。

（2）1964 年《威尼斯宪章》

1964 年 5 月 31 日，历史性纪念物建筑师及技师国际协会（ICOM）第二次会议在威尼斯大会通过了《国际古迹保护与修复宪章》，即《威尼斯宪章》。《威尼斯宪章》的诞生是遗产保护运动发展中的一个里程碑，它确定了建筑遗产保护的观念和行为的科学规范，标志着遗产保护运动步入成熟并受到国际范围内的普遍重视。同时，它也成为国际古迹遗址理事会的奠基性文献。

（3）1979 年《巴拉宪章》

1979 年 8 月，国际古迹遗址理事会澳大利亚委员会在巴拉（Burra，Australia）通过了《关于有文化意义的场所保护的国际古迹遗址理事会澳大利亚宪章》（简称为《巴拉宪章》）。《巴拉宪章》一方面秉承了《威尼斯宪章》的精神，另一方面又进一步发展——扩大了文化遗产的范围，小到建筑部件，大到建筑群、城镇区域；强调多方面、多角度的文化意义，而不再局限在艺术、历史、科学三个方面；对《威尼斯宪章》提出的保护方法和保护原则作出了更深入、更系统的阐明。

（4）1982 年《佛罗伦萨宪章》

1981 年 5 月，国际古迹遗址理事会与国际景观建筑师联盟在佛罗伦萨（Florence，Italy）举行会议，制定了保护历史园林（Historic Gardens）的宪章，以古城佛罗伦萨命名。

1982 年 12 月,《佛罗伦萨宪章》被国际景观建筑师联盟通过,作为《威尼斯宪章》的附件生效。

(5) 1987 年 10 月《华盛顿宪章》

1987 年 10 月,国际古迹遗址理事会第 8 届全体大会在华盛顿(Washington,USA)通过了《保护历史城市与城市化地区的宪章》,也称为《华盛顿宪章》。这是关于历史城市保护的最重要的国际文件,是历史城市和历史地区的保护工作开展多年以后的经验的全面总结。

(6) 1990 年《关于考古遗产的保护与管理宪章》

1990 年 10 月,国际古迹遗址理事会第 9 届全体大会在瑞士洛桑(Lausanne,Switzerland)通过了《关于考古遗产的保护与管理宪章》。此宪章定义了“考古遗产”的概念——“考古遗产是依据考古方法提供主要信息的物质遗产,它包括人类生存的各种遗迹,由与人类活动的各种表现有关的地点、被遗弃的建筑物、各种各样的遗迹(包括地下的和水下的遗址)以及与它们相关的各种文化遗物组成”;提出了对于考古遗产的整体保护政策,即考古遗产的保护政策必须作为土地利用和开发计划以及文化环境和教育政策的整体组成部分,纳入到国际的、国家的、区域的以及地方一级的规划政策当中;强调了“就地保护”的原则,对考古遗产的任何一个组成部分都应该遵循就地保护的原则。

(7) 1996 年《关于水下文化遗产的保护与管理宪章》

1996 年 10 月,国际古迹遗址理事会第 11 届全体大会在保加利亚首都索菲亚(Sofia,Bulgaria)召开。大会通过了《关于水下文化遗产的保护与管理宪章》。这是针对水下文化遗产及其环境的特殊性提出的,是对 1990 年国际古迹遗址理事会《关于考古遗产的保护与管理宪章》的补充。

(8) 1999 年《国际文化旅游宪章》、《关于乡土建筑遗产的宪章》和《木结构遗产保护规则》

1999 年 10 月,国际古迹遗址理事会第 12 届全体大会在墨西哥(Mexico)通过了《国际文化旅游宪章》。在旅游业快速发展的当下,该宪章提出了遗产旅游及其管理过程中的遗产保护的原则与方法。并且提出了遗产旅游的一套评估标准及运用、实施宪章的具体办法。

此届大会还通过了《木结构遗产保护规则》。此文件在序言部分阐明了主旨,即为历史性的木结构建筑遗产的保护提供基本的、普遍的适用原则。这是第一个针对某类材质的建筑遗产保护问题制定的国际性文件,是基于《威尼斯宪章》的保护原则、考虑到源自不同文化背景与不同建造体系的建筑遗产的多样性以及由此而产生的保护实践上的差异性而提出的,反映出对文化多样性的尊重,是对遗产保护理论的重要补充和完善。

(9) 2005 年《西安宣言》

2005 年 10 月,国际古迹遗址理事会第 15 届大会在西安召开,这是国际古迹遗址理事会首次在东亚地区召开大会。大会发布了《西安宣言——保护历史建筑、古遗产和历史地区的环境》。

3.4.2　联合国教科文组织 (UNESCO)

联合国教育、科学及文化组织(United Nations Educational,Scientific and Cultural

Organization）是联合国（UN）旗下专门机构之一，简称联合国教科文组织（UNESCO）。该组织成立于1946年，总部设在法国巴黎，其宗旨是促进教育、科学及文化方面的国际合作，以利于各国人民之间的相互了解，维护世界和平。联合国教科文组织主要设大会、执行局和秘书处三大部门。其中大会为最高机构，由会员国的代表组成，一般每两年举行一次大会（1954年之前为一年一届，1954年之后改为两年一届）。

联合国教科文组织在其主管的教育、科学、文化、传播与信息等业务范围内设立了十多个政府间机构及大型合作计划，以推动国际智力合作，其中主要有：国际教育局、人与生物圈计划、国际地质对比计划、国际水文计划、政府间海洋学委员会、社会变革管理计划、世界遗产委员会、促使文化财产归还原主国或归还非法占有文化财产政府间委员会、世界版权公约政府间委员会、国际传播发展计划、综合信息计划、政府间信息学计划、政府间体育运动委员会等。教科文组织大会选举产生的各执行理事机构负责规划和管理各计划的活动，并建立各自的国际或地区合作网络，如"国际生物圈保护区网络"、"世界遗产名录"等。

在联合国教科文组织内，建立了文化遗产和自然遗产的保护委员会，即世界遗产委员会（World Heritage Committee）。世界遗产委员会成立于1976年11月，由21名成员组成负责《保护世界文化和自然遗产公约》的实施。委员会每年召开一次会议，主要决定哪些遗产可以录入《世界遗产名录》，对已列入名录的世界遗产的保护工作进行监督指导。委员会成员每届任期6年，每两年改选其中的三分之一。委员会内由7名成员构成世界遗产委员会主席团，主席团每年举行两次会议，筹备委员会的工作。

联合国教科文组织（UNESCO）通过的主要文件如下：

（1）1954年《武装冲突情况下保护文化财产公约》

1954年5月，联合国教科文组织在荷兰海牙通过了《武装冲突情况下保护文化财产公约》。《公约》强调了文化财产（Cultural Property）保护的意义和重要性——"确信对任何民族文化财产的损害亦即对全人类文化遗产的损害，因为每一民族对世界文化皆有贡献"。

（2）1968年《关于保护受到公共或私人工程危害的文化财产的建议》

1968年11月，联合国教科文组织在巴黎召开第15届大会，通过了《关于保护受到公共或私人工程危害的文化财产的建议》。建议更清晰地定义了"文化财产"的概念，它包含两个方面——不可移动文化财产（传统建筑物及建筑群，历史住区，地上及地下的考古或历史遗址，和与它们相关联的周围环境）和可移动文化财产（埋藏于地下的和已经发掘出来的，以及存在于各种不可移动的文化财产中的物品）。

这个建议的产生反映了工业的发展和城市化进程以及道路、桥梁、水利、动力管线等相关工程建设对文化财产的安全存在构成的威胁已日益严重，必须采取及时有效的手段来保护和抢救那些处于危险中的文化财产。《建议》向成员国规定了立法、财政、行政措施及教育计划，还有"保护和抢救文化财产的程序"。对于不可移动的文化财产，强调"就地保护"的原则。

（3）1972年《保护世界文化和自然遗产公约》

1972年11月16日，联合国教科文组织在巴黎召开第17届会议，为了组织和促进各国政府及公众在世界范围内采取联合的保护行动，通过了《保护世界文化和自然遗产公约》，也称为《世界遗产公约》（The World Heritage Convention）。公约于 1975 年 12 月 17 日开始生效。《世界遗产公约》以国际协作、支持和援助的方式把现代遗产保护运动扩展到更多的地区、更多的国家，使遗产保护的概念和思想开始深入人心。并强调了国家作为遗产保护的行为主体所具有的地位和作用。

（4）1976 年《内罗毕建议》

1976 年 11 月，联合国教科文组织第 19 届大会在肯尼亚首都内罗毕（Nairobi，Kenya）召开。大会通过了《关于保护历史和传统建筑群及其在现代生活中的地位的建议》，即《内罗毕建议》。《内罗毕建议》的核心思想是"整体保护"，这是建立在 20 世纪 70 年代欧洲议会举行的一系列会议、讨论会的基础上的。它的形成表明整体保护的概念已经趋于成熟，遗产保护工作已经转入整体保护的新的发展阶段。《内罗毕建议》提出之后，与《威尼斯宪章》一样，成为遗产保护的纲领性文件。

（5）1987 年《实施世界遗产公约操作指南》

1987 年 1 月，联合国教科文组织的"世界遗产委员会"在 1986 年的会议上制定了《实施世界遗产公约操作指南》（于次年公布）。《实施世界遗产公约操作指南》总结了《威尼斯宪章》实施几十年来保护工作所取得的科学成果，对文化遗产（cultural site）的概念、价值、意义和保护文化遗产的目的及原则、《威尼斯宪章》的理论价值进行了清晰的阐述和说明，并且再次明确了保护工作的目的、意义和今后的工作方向。各国应该依据《威尼斯宪章》、结合实际情况制定自己国家的保护章程。

（6）1994 年《奈良文件》

1994 年 11 月，世界遗产委员会第 18 次会议在日本古都奈良（Nara，Japan）召开。会议以《实施世界遗产公约操作指南》中的"真实性"问题为主题展开了详尽的讨论，形成《关于真实性的奈良文件》，简称为《奈良文件》。《奈良文件》的制定是为了对文化遗产的"真实性"概念以及在实际保护工作中的应用作出更详细的阐述。它是根据《威尼斯宪章》的精神，并结合当前世界文化遗产保护运动发展的状况形成的。

（7）2001 年《会安议定书》

2001 年 3 月，联合国教科文组织在越南古城会安（Hoi An，Vietnam）制定了《关于亚洲的最佳保护实践的会安议定书》（简称《会安议定书》）。此议定书是"在亚洲文化的语境中确认和保存遗产的真实性的专业导则"，它所关注并尝试解决的核心问题是在亚洲语境中如何确保真实性。《会安议定书》是《奈良文件》之后又一部以遗产的真实性为主题的重要的国际文件。它是基于亚洲文化遗产保护的特点、真实性的现实问题与亚洲地区的文化遗产保护的实践提出的，注重的是对保护实践的具体指导作用。

（8）2001 年《世界文化多样性宣言》

2001 年 11 月，联合国教科文组织全体大会第 31 届会议在巴黎通过了《世界文化多样性宣言》。宣言强调"应把文化视为某个社会或某个社会群体特有的精神与物质，智力与情感方面的不同特点之总和；除了文学和艺术外，文化还包括生活方式、共处方式、价值观体系、传统和信仰"。

（9）2001 年 11 月，《保护水下文化遗产公约》

2001 年 11 月 2 日，联合国教科文组织在第 31 届大会上正式通过了《水下文化遗产保护公约》。《公约》中指出，水下文化遗产是人类文化遗产的一个组成部分，所有国家都应负起保护水下文化遗产的责任。为使公众了解、欣赏和保护水下文化遗产，应该鼓励人们以负责的和非闯入的方式进入仍在水下的文化遗产，以对其进行考察或建立档案资料，但这些活动不能妨碍对水下文化遗产的保护和管理，更不能对水下文化遗产进行商业开发。《公约》中特别建议缔约国开展合作，进行水下考古、水下文化遗产保存技术等方面的交流和培训，并按彼此商定的条件进行与水下文化遗产研究、保护有关的技术转让。

（10）2003年《保护非物质文化遗产公约》

2003年10月，联合国教科文组织大会在巴黎举行第32届会议，通过了《保护非物质文化遗产公约》。《公约》全面定义了"非物质文化遗产"，并对"保护"概念进行了针对非物质文化遗产的定义，即"保护"指确保非物质文化遗产生命力的各种措施，包括这种遗产各个方面的确认、立档、研究、保存、保护、宣传、弘扬、传承（特别是通过正规和非正规教育）和振兴。在当今全球化和社会转型的进程中，非物质文化遗产面临损坏和消失的严重威胁，《公约》的内容隐含着对非物质文化遗产的抢救性保护。

（11）2005年《保护具有历史意义的城市景观宣言》

2005年10月，联合国教科文组织第15届《保护世界文化和自然遗产公约》缔约国大会在巴黎召开，通过了《保护具有历史意义的城市景观宣言》。《宣言》对"具有历史意义的城市景观"的定义是依据1976年的《内罗毕建议》确定的："具有历史意义的城市景观指的是自然和生态环境中的任何建筑群、结构和空地的集合体，包括考古和古生物遗址，它们是在相关的一个时期内人类在城市环境中的居住地，其聚合力和价值从考古、居住、史前、历史、科学、美学、社会文化或生态角度得到承认。这种景观塑造了现代社会，并对于我们了解今天的生活方式具有极大价值。"

本章思考题

1.《威尼斯宪章》的签订时间、主要内容及意义是什么？

2.《保护世界文化和自然遗产公约》的签订时间、主要内容及意义是什么？

3.《华盛顿宪章》的签订时间、主要内容及意义是什么？

4.《奈良文件》的签订时间、主要内容及意义？

5.《中华人民共和国文物保护法》的制定及修订时间、主要条款和意义是什么？

6. 比较《中国文物古迹保护准则》、《威尼斯宪章》和《曲阜宣言》。

7. 列表概括国际古迹遗址理事会和联合国教科文组织两个组织机构的保护大事记。

8.《天津市历史风貌建筑保护条例》的制定时间、主要内容及意义是什么？

第4章 历史建筑保护与再利用

【学习要求】

通过本章学习，了解可持续发展观、"共时共生"、"场所精神"、有机更新等历史建筑保护与再利用的理论依据；掌握老并入新、新融于老、新老并置、新老隔离等历史建筑保护与再利用的模式；掌握隐喻法、立面嫁接法、埋地法、协调法、映射衬托法等历史建筑保护与再利用的方法。

【知识延伸】

参观庆王府并了解其保护与再利用。

4.1 历史建筑保护与再利用的理论依据

4.1.1 可持续的发展观

发展观是世界观和方法论在发展问题上的体现，是关于发展本质、目的、内涵和要求的总体看法和根本观点。可持续发展（Sustainable Development）是在 20 世纪 80 年代针对由于片面追求经济增长而带来系列社会问题的基础上提出的新观念。1987 年世界环境与发展委员会在《我们共同的未来》报告中第一次明确阐述了可持续发展的概念：既满足现代人的需求也不损害后代人满足需求的能力。换句话说，就是指经济、社会、资源和环境保护协调发展，它们是一个密不可分的系统，既要达到发展经济的目的，又要保护好人类赖以生存的大气、淡水、海洋、土地和森林等自然资源和各类社会、文化资源，使子孙后代能够永续发展和安居乐业。可持续发展作为迈向新世纪的目标依据和行动纲领，不仅对传统的发展观及发展思想提出了严峻的挑战，而且也必将从价值观念、思维方式、行为模式等各方面对人类产生极其深刻的影响。

可持续发展理论为树立正确的城市发展新观念奠定了理论基础。可持续的发展观应用在城市发展方面，也就形成了可持续的城市发展观。可持续的城市发展观认为持续发展的前提是发展，目标是通过发展增强经济实力，并使发展与环境承载相适应。城市建设中的可持续发展意味着城市与环境的共同进化，环境的含义就城市空间而言，则既包括自然的生态环境，也包括具有历史文化意义的人为建成环境。

应该说，将可持续的城市发展理论引入并作为基础理论，对城市建设与更新具有重要指导意义。首先，理论有利于确立城市历史建筑保护的正确的发展观，将"以人为本"、"以人的需要为第一要旨"作为指导城市历史建筑保护与再利用的根本原则；其次，理论有利于正确理解"发展"的内涵以及处理城市历史建筑再利用中"保护与发展"、"存与留"的矛盾问题，强调积极的保护原则，发展中的困难只有通过"发展"的方式来解决，同时需要避免发展性破坏，选择全面的、良性的、妥善的发展策略。

4.1.2　"共时共生"观念

城市的发展，是一个连续不断的过程。1960 年在东京设计会议上，日本建筑师黑川纪章、菊竹清训等提出"新陈代谢论"。"新陈代谢"理论指出，城市是一个不断更新的发展过程，但这个过程不是一个新旧绝对对立的以旧换新的过程，而是一个新旧共生的循序渐进的过程。他们主张在城市中引入时间因素，明确各个要素的周期，在周期长的因素上加上可动的、周期短的因素，这样的城市才是个真正意义上的"新陈代谢城市"。正如其宣言中所说的那样："我们将人类社会视为一种强而有力的演变过程，所以我们采取生物上的名词新陈代谢，是我们相信改良与科技，更能有助于维护人类的活力。我们认为，代谢主义不仅主张自然的、历史的社会演变，我们也主张透过我们的改良刺激一个积极变化而发展的社会。""新陈代谢"的第一原则是历时性，即不同时期的共生与生命经历的过程与发展，建筑物在建造时并不是完全固定的，而是作为从过去到现在，再向未来发展的实体表现。

黑川纪章进一步发展了"新陈代谢"理论，提出了"共生"的概念。"共生"理论认为城市是一个共生的空间。但这个空间绝不是静态空间，而是时时刻刻不断地在进行"新陈代谢"，在这个过程中，城市的新旧元素实现着共生与协调。他认为 21 世纪的城市空间是一种多层次、多角度的共生空间，其中有不同层次的共生，其中就包括了城市中历史环境与现实环境的共生。要实现历史与现实的共生，就必须处理好城市部分与整体、建筑外部与内部、建筑与环境、技术与人之间、建筑感性与理性之间以及城市不同文化之间的关系。而且，历史与现实的共生必须在城市的"新陈代谢"过程中实现。

虽然目前"新陈代谢城市"与"共生城市"理论的实践大多是应用于建筑创作方面，但它的理论意义绝不仅限于设计手法的层面。肯定了城市更新在城市发展过程中的必然性，同时强调了城市新旧元素的共存，否定了现代主义大拆大建、全部推倒重来的建设方法，这些都体现了现代城市更新理论的指导思路，是在城市发展的高度对城市更新中利用与保护问题的探讨，对城市历史环境的保护设计起到了很重要的指导意义。可以说，城市更新中对历史建筑的再利用正是体现城市历时性的重要载体。

1961 年，简·雅各布斯出版了她的名著《美国大城市的生与死》（The Death and Life of Great American Cities），第一次比较系统地提出了"城市的多样化"的概念以及保持城市多样性的意义和方法，并认为复杂的城市多样性实际上是建立在简单清楚的经济关系上的。雅各布斯从美国城市中的社会问题出发，调查了美国根据现代城市理论建造的城市的弊端，对大规模改建进行了尖锐的批评。她认为大规模改建摧毁了有特色、有色彩、有活力的建筑物、城市空间以及赖以存在的城市文化、资源和财产。在著作中，雅各布斯概括了产生城市多样化的四个必要条件：混合的基本功用（Mixed Primary Use），将人们的出行时间分散到一天内的各个时间段；小的街区（Small Block），增加街道的数量和面积，增加人们接触的机会：不同年代的老房子（Aged Building），满足经济能力不同的功用的需要；人口的充分密集（Dense Concentration of People），使各种功用充分发挥经济效能，增加城市的舒适性。上述四种情况对于城市多样性的产生都有直接影响，而且往往相互结合在一起产生作用。其中对不同年代老房子的保留，就涉及大量历史建筑以及有特色的城市空间都应该以一定的方式继续存在下去。因此，保持城市多样化要求的是不间断的小规模改建，这是一种有生命力并充满活力的城市更新模式，而对历史建筑的再利用则是其中重要的实施方式之一。

1966 年，意大利建筑师阿尔多·罗西（Aldo Rossi）在《城市建筑学》一书中提出了"类似型城市"的设计模式，其中也明确提出了共时性的概念。阿尔多·罗西认为，城市是共时的，建筑的历史并不是一个阶段代替另一个阶段，一种形式代替另一种形式，一种风格代替另一种风格的过程，而是若干阶段的建筑在一个阶段内共存的过程。在城市中，建筑就是这种共时性的片断与表现，城市中有短暂性因素，也有持久性因素。在城市作为整体的生存时间内，组成城市的每一座建筑物都经历过设计—建造—毁坏的过程，这是短暂性的因素。但是城市的自身将连续存在，一些因素可以作为物质符号为人们所体验，以不同的方式对城市的集体或单体制品施加影响，这是持久性因素。罗西认为的持久性因素主要指是民居与纪念物，其中民居并不是指具体的单一民居，而是作为人类居住生活建筑学上的抽象。而纪念物则是城市中的基本要素，它既有个性，又包含场所意识，能引起人们对历史事件的追忆和对城市文化的联想。

1978 年，美国康奈尔大学教授柯林·罗（Colin Rowe）出版了《拼贴城市》一书，书中对现代主义的城市建设，如现代主义城市空间的单调和现代建筑的单一进行了大量的批判，认为所谓现代建筑的城市只是停留在纸上谈兵阶段或者早产夭折，以致在规划领域内无法带来任何起码的创造成果。在此基础上，其进一步提出了"拼贴城市"模式。"拼贴城市"理论同样认为城市的发展是一个连续的过程，但同时也是拼贴而成的，即城市是由不同时代的东西一层一层叠加形成的，类似一幅拼贴画，"断续的结构，多样的时起时伏呈现为我们所说的拼贴"。柯林·罗不仅认为城市是拼贴的，还主张在城市设计中用拼贴的设计方法展示一个城市的历史。所谓拼贴的设计方法，是指采用的是传统与历史部分中的部件与形式，但设计原则、构图原理以及衔接方式并不为传统和历史所束缚，它用传统的部件与形式，根据现代的需要，加以组合与变化，使传统与现代融入一体，采用这种方式，达到了既延续历史，又体现了当代特征的目的，是在新环境条件下对历史要素的借用。"拼贴城市"的设计方法，借用了历史母体，但并不凝固僵化，而是与现实的发展相结合，把时间因素压缩到空间中，在某种程度上，既保护了历史环境，又兼顾了现实发展的需要。

无论是"新陈代谢"理论，或者之后的共生、共时性概念，还是城市多样性以及拼贴城市理论，都是摈弃了现代主义的唯技术论或唯功能论，不仅认可了城市发展的过程论，同时更加强调多样共存，强调一个多元化的丰富多彩的城市空间，必然包括了各个历史时代的建筑物，通过这些物化的历史片段的共存，展现了城市发展的历程。因而，这些理论在观念上对于城市更新有一定的指导意义，并给历史建筑再利用提供了在城市发展过程层面的理论支持。对历史建筑的再利用，可以说是赋予历史建筑新功能、新用途的有效手段之一，是旧的历史片段融入时代新生活的保证和主要表现。

4.1.3 "场所精神"理论

1980 年，挪威建筑师诺伯格·舒尔茨在《场所精神——走向建筑的现象学》一书中正式提出了"场所精神"的理论，认为城市是由一系列的场所组成，每一个建筑就是一个场所，每一个场所都包含结构和精神两个方面，是主观与客观的统一体。场所精神决定了场所的结构，即外显形态空间和特征，同时场所结构也在一定程度上影响着场所的精神内涵。舒尔茨特别强调了场所与历史文化传统的密切关联，他认为历史建筑或地段中饱含着场所精神，使居留者产生心理上的安定感与满足感，场所在历史文化中形成，又在历史中发展。新的历史条件可能引起场所结构发生变化，但这并不意味着场所精神的丧失。场所精神的变化相对缓慢，而场所结构的变化则相对较快，必须在二者之间找到一个合适的平衡点。"如果事物变化太快了，历史就变得难以定形，因此，人们为了发展自身，发展他们的社会生活和变化，就需要一种相对稳定的场所体系。"

"场所精神"理论为城市更新中的历史建筑的保护与利用提供了相当重要的理论支持。首先它肯定了历史建筑和历史环境的重要价值不仅在于物质实体本身，更重要的是在于饱含其中的场所精神，而这与人类文化与社会心理的沉淀有关，也是人们保护历史建筑的原因所在。其次，"场所精神"理论指出改变与尊重场所精神并不矛盾，一成不变并不是保持场所精神的唯一手段，从而肯定了建筑再利用对保持建筑场所精神、满足人类精神需求的重要作用，其实也就是肯定了以改变为主要内容的建筑再利用的文化意义。另外，"场所精神"理论也为历史建筑的保护与再利用提供了一种方法论，即从给定的环境中揭示其潜在意义，找出新旧二者的关联，然后通过设计手段将场所精神具体化，而这个过程可以相对独立于场所功能的变化。

4.1.4 有机更新理论

城市是人类聚居的中心，是一个以人为主体、以自然环境为依托、以经济活动为基础、社会联系紧密而广泛、按其自身规律不断运转的有机体。追溯城市发展的历史，可以说是一个不断自我更新、改造、发展并趋于完善的过程。城市更新并不是一个新的概念，而是自城市诞生之日起，就作为城市自我调节机制存在于城市发展的全过程之中，往往表现为城市化以来城市发展中较大范围的改造过程。在西方，城市更新是与英文 renewal，regeneration，reconstruction，renovation 等术语联系在一起的，是城市保护、整治以及开发的统一体。在我国，还经常被表述为旧城更新、旧城改造等。其中保护主要是针对历史建筑以及历史地段与旧城的整体风貌而言；整治是指旧城中某一完整地段的梳理以及综合治理，剔除掉不适应的部分，增加新的内容达到提高该地段环境质量之目的；开发是对旧城的指导性增长，一种是围绕旧城的新区开发，一种是对旧城区内质量低劣且没有保留价值的旧房子进行拆除与重建，任何一个合理的旧城更新都应当是这三者的辩证统一。

城市更新理论对历史延续问题进行了重点阐述，提出"更新延续不仅是物质形态环境的延续，同时也是生活环境内涵的延续；不仅是形态表面的延续，而且是形态内构的延续"的基本观点，将历史延续问题总结为"形态的延续"、"结构的延续"和"生活环境内涵的延续"三个层面。城市的旧城几乎包罗了该城市所有的历史环境，且涉及了城市历史延续的以上三个层次。西方国家在评论我国的旧城更新时说：我们现在有的，你们将来会有；而你们现在有的，我们永远不会有。这种以文化资源战略的态度来对待旧城更新，同时也说明了旧城的价值所在。因此旧城更新应慎重对待历史环境，通过设计手法保护历史连续性，保护历史环境。尽管较大范围的城市更新是城市现代化的需要，但大范围并不意味着一定是大规模，更新与历史环境保护是不矛盾的，历史的延续性正是反映在约定俗成的不断更新之中。

"有机更新"理论最初是吴良镛教授在长期对北京旧城规划建设进行研究的基础上，结合中西方城市发展历史和城市规划理论，针对北京旧城改造的思路总结而成的城市更新理论，其主要内容是"按照城市内在的发展规律，顺应城市之肌理，在可持续发展的基础上，探求对城市的更新与发展。"在阳建强、吴明伟编著的《现代城市更新》一书中，明确提出更新改造不能简单采取推倒重建的单一开发模式，而应因地制宜，进行综合治理和更新发展，并提出了城市更新的根本方向，那就是全面系统的有机更新。其主要内容和观点可以简单归纳为四个方面：整体功能协调、综合系统规划、倡导性更新改造和循序渐进推进小规模更新。

城市有机更新反对简单粗暴地全部推倒重建的大规模改造方式，提倡保护、整治和改造相结合，采取适当规模、合适尺度、分片、分阶段和滚动开发的"循序渐进的小规模更新"模式，这主要是基于对城市更新的"延续性"、"阶段性"和"文化性"的认识。旧城更新是在历史积淀而成的城市现状基础上延续进行的，不可能脱离城市发展的历史和现状。因而城市更新应当尊重城市的历史和现状，了解更新改造地区的物质环境方面存在的主要问题，更要深入分析地区的社会、经济、文化、历史，尊重居民的生活习俗，继承城市在历史上创造并留存下来的有形和无形的各种资源和财富，以延续并发展城市文化。以上体现了城市更新的"延续性"和"文化性"。同时城市更新具有"阶段性"的特点，是一个持续的过程，不可能一蹴而就，也不可能一劳永逸，因而要求在城市更新中处理好目前和未来的关系。另外，城市更新的"文化性"还体现在人文关怀方面，通过适当的设计手法和对环境的塑造，使更新地区的原住民感到亲切、熟悉，满足其心理的归属感需求。应该说，城市更新的"延续性"、"阶段性"和"文化性"既是城市更新应遵循的原则，同时也是其追求的目标，这些目标只有通过对城市的循序渐进的小规模更新才能得以实现。

城市有机更新的观念对于历史建筑保护与再利用从城市的宏观角度的理论研究提供了重要的理论支持，并且具有方法论上的指导意义。

4.2　历史建筑保护与再利用的模式

保护模式是从既存历史建筑的历史性保护出发，在权衡新建筑对于既存历史建筑各种价值保存影响的基础上来指导新建建筑设计的基本方针。

新老关系是分析保护模式的基础。"老"就是历史建筑既存的本体内容，"新"就是新加建的内容，两者构成了历史性保护中相对固定的两个方面，保护和再利用实践中复杂的差异性都是以"新"和"老"为参照的。

保护模式的基本类型有四种：老并入新、新融于老、新老并置、新老隔离，这四种保护模式包含了理论上新老建筑元素之间逻辑关系的合理性，也是基于历史建筑保护案例的具体分析，而且它们本身都是中性的概念，分别适用于不同的情况。

4.2.1 老并入新

老建筑在体量或是结构上被新建筑完全或是部分涵盖的情况是常见的，其手法有立面保存、表皮拼接等，一般适用于文物价值不高或是本身已经严重残损而修复可能性微小的情况。在这种模式下，老建筑的存留部分通常变为新建筑的组成部分。

在老建筑并入新建筑的情况下，老建筑的结构几乎不可能完全保留，其与新建筑在空间和结构上结合在很大程度是设计手法问题，当然里边也包含着技术因素。一般来说，采取新老对比手法有利于凸显历史元素对于历史环境的价值。也可用玻璃连接体来提示新老之间的对比关系。

老波士顿证券交易所建于1896年，系文艺复兴风格。改造方案的加建部分是一座高层办公大楼，新老建筑之间用五层高玻璃中庭和广场连接（图4-1）。

图 4-1 老波士顿证券交易所新老建筑结合

在"老并入新"的模式下，新建部分如不能运用形式要素来凸显老建筑残留部分的存在，则不但使保留部分延续原有文脉关系落空，就是从新建筑本身的设计来说，也是极不可取的。在此模式下，设计层面上的成功也需要先进的技术手段作为支撑。在1989年日本海上火灾保险公司横滨支店的加建中，建筑师用钢骨架加固法保证了存留下来的老建筑外墙的完整性。

除了立面保存之外，也有将老建筑局部修复后，全部嵌入新建筑内部的设计方法，例如日本千叶美术馆，其前身为旧川崎银行千叶支行，为了保存和修复这个二战前的建筑，改建成包围着建造的美术馆（图4-2）。

图 4-2　千叶美术馆外观

4.2.2　新融于老

此种方式包括老建筑内部加建或是恢复老建筑某些损坏的部分并进行内部更新。这种保护模式实际上是以既有历史建筑为主导，将老建筑的某些结构或是空间和美学要素扩展为新的结构。新融于老常见的方式有以下三种：

（1）内部加建。其一般做法是利用额外的楼层、夹层或是阳台，在历史建筑的原有结构框架内建造新建筑。内部加建不增加建筑的体量和外观，但是施工中必须对老建筑安排大量的保护措施，往往造价较高。同时，老建筑中正常的功能可能会有影响，事先应做周密计划，例如：老建筑净高是否符合插入新建筑的要求，结构体系能否支承新建楼层所增加的荷载。

阿姆斯特丹老证券交易所就是采取内部加建的方式进行的历史建筑更新，新建的玻璃音乐厅以一种极简且高技化的形态出现，完全消解于老建筑之中。通过当代技术手段，用视觉的通透性和形式、材质上的对比强化了老大厅原有的历史感（图 4-3）。

图 4-3　阿姆斯特丹老证券交易所外观及玻璃音乐厅

（2）通过添加一个玻璃中庭而使新空间融入老建筑的原有空间之中。新建元素虚化的处理手法强化了新建空间对于老建筑的归属感。例如华盛顿原专利局大楼改建（图 4-4）。

（3）恢复老建筑某些损坏的部分并进行内部更新。在内部更新情况下，必须充分评估其原有的各种价值，应以既存建筑的价值特征为设计策略的基础和出发点，切不可无原

图 4-4 华盛顿原专利局大楼外观及玻璃中庭

则、无限制地拆除或是加建。正确的修复技术策略和合适的修复技术手段往往决定了内部更新下保护性设计的成败。内部更新有内部恢复和新功能植入两种方法。纽约新阿姆斯特丹剧院的修复采取的是内部恢复，剧院更新中，对原有历史要素进行了严格修复，恢复了艺术装饰派风格的特征（图 4-5）。

图 4-5 新阿姆斯特丹剧院外观及内部

4.2.3 新老并置

新老并置一般是指新老建筑"均势"连接起来的模式。在这种保护模式下，新老建筑之间经常通过连接体贯通内部空间，将其构筑成整体形态或整体建筑环境。在新老并置的模式下，新建部分应与老建筑具有一定的对比或是谐调关系，除非是完全按照老建筑的形式进行复制，新老建筑形式元素应保持一定的差别，以使两者处于一种协调的构图关系之中。新老并置的方法有以下四种：

（1）连接过渡法

（2）对比协调法

（3）镶嵌并置法

（4）体量协调法

　　多伦多 Scotia 广场采取的是连接过渡法，27 层的老楼，通过新建 14 层高的中庭与加建 68 层的塔楼结合（图 4-6）；渥太华加拿大银行采取的是对比协调法，通过材料和质感的对比，实现形态的协调（图 4-7）；多伦多自治领银行采取的是镶嵌并置法，老建筑嵌入新建筑，成为新建筑的一部分（图 4-8）；横滨正金银行采取的是体量协调法，加建部分的材质、构图和立面划分与老建筑保持同质性，相异风格的新老建筑一样可达到较好的结合效果（图 4-9）。

图 4-6　多伦多 Scotia 广场外观及内部新老结合处

图 4-7　渥太华加拿大银行

4.2.4　新老隔离

　　新老隔离就是保证老建筑在空间与结构上的相对独立性和完整性，用过渡区域作为新老建筑之间连接部分的处理模式。这种处理模式的优点在于新老建筑之间互不干扰，且对历史建筑的干涉度很低，有利于历史建筑原有各种价值的保护。

　　保护方式有平移隔离保护法和原址隔离保护法两种。

图 4-8 多伦多自治领银行原外观及并置加建后外观

图 4-9 横滨正金银行原外观及新老并置后外观

布鲁克菲尔德广场是多伦多一处大型的商业购物中心。其地块内有两个遗产建筑——原招商银行和原蒙特利尔银行。根据两个历史建筑不同的价值特征，结合新建筑整体的功能和美学特征，分别对其采取了平移隔离保护（图 4-10）和原址隔离保护（图 4-11）的方式。

图 4-10 原招商银行现存部分与艾伦凯瑞拱廊在结构隔离的情况下，展现出新老交织的特征

图 4-11　原蒙特利尔银行采用原址保护方式

4.3　历史建筑保护与再利用的方法

4.3.1　隐喻法

隐喻法并不试图用建筑实体恢复被毁的历史建筑，而是在新的建筑设计中，通过运用象征手段达到保留对历史建筑环境记忆的目的。由于这种方法通常采用在地面上运用铺地变换来展示历史建筑的平面，需要借助想象来实现对历史建筑实体的怀念，所以称之为隐喻法。这种特殊保护方法的实例有：法国荷塞市某集合住宅设计，它将基地内中世纪的贵族府邸遗址平面组织进住宅的院落中；美国富兰克林纪念馆设计；澳大利亚悉尼在第一座总督府遗址上建造的博物馆等。

4.3.2　立面嫁接法

立面嫁接法，指的是历史建筑的立面被加固，部分保留，在其内部建造新的建筑物，新建筑的造型仿佛是从被保留的历史建筑的立面嫁接出来的方法。"嫁接"是植物学中的概念之一，是利用某种植物的枝或芽来繁殖一些适应性较差的植物。嫁接能保持原有植物的某些特性，是常用的改良品种的方法。在建筑设计中的形式嫁接也运用了相同的原理。在此，历史建筑的立面或者是立面的片断，被作为新建筑造型的营养丰富的"枝"，它能很好地和周围的历史环境相融合，新的造型有了这样的根基，成为某种改良的品种而更具历史意义。

历史街区的建筑设计中采用立面嫁接法，是试图产生根植于历史环境的创新设计，因此嫁接强调的是新与旧的对比，并且主要体现在建筑材料的质感和色彩的对比，使人能够清楚地分辨出新与旧。另外，因为新建筑拥有历史建筑的部分立面，所以更容易取得和原来历史环境的调和。

4.3.3 埋地法

在城市历史核心区，出于历史文化保护的原因，新建建筑向地下发展的情况在欧洲非常普遍，有时为了满足建筑高度限制的要求，业主只有将大部分的建筑体量埋入地下，使得地面上所露出的建筑体量与周围的历史环境相协调。埋地法是新建的建筑向地下发展的一个极端，它是把几乎所有建筑功能以及市政的开发都埋在地下，地面上只留下必要的出入口，这些小体量的构筑物或建筑物为了能引起人们的关注，往往采用和周围历史建筑环境对比的形式。埋地法能够使得地面的历史建筑基本保持原样，又能够适当地引入现代的要素和精心的环境设计以体现时代精神，不失为历史建筑环境保护的一个良策，但是其投资大、施工难度高、见效慢（在某种程度上只是保护了城市的历史文化，没有可以标榜的市政功绩）的缺点也是显而易见的，因此，虽然这种方法在构思上不难实现，在国内的应用却是不多见的。

在城市历史核心区，采用埋地法使新建的建筑向地下发展，可以保护地面历史环境最大限度地避免受到大体量现代建筑的冲击，保持原有文化特色，并且在历史环境中，地面新建城市小品等现代的景观设计，不仅给城市创造出休闲的活动空间，也可以使人们在历史氛围中，感受到时代的气息。

4.3.4 协调法

任何一种建筑形式的表现，都跟环境有关，且必须同这些环境妥善地取得协调，否则形式的表现不仅将丧失其优点，还会产生破坏环境的效果。"相互协调"是建筑形式创作的基本原则，在历史街区中新建筑的植入，也必须尊重相互协调的原则，使其与历史环境取得某种协调。一般在历史街区中的新建筑要从形式、体量、材料、色彩等方面取得与历史建筑环境的协调而获得统一感。由于建筑设计本身必然地存在着多样性和复杂性，建筑物的形式和空间必须要考虑功能、建筑类型、要表达的目的和意义，并且要考虑和周围环境的关系，因此，形式的协调或者说在历史街区中形式的秩序原理，可分为风格的统一和逻辑蕴含的统一两种。

（1）风格的统一

运用历史主义的手法，使新建筑与历史环境相协调。希契科克（R. H. Hitchcock）认为历史主义是一种建筑的表现形式、一种建筑风格，提出"历史主义"比"传统主义"、"复古主义"、"折中主义"在表达五百年来建筑的某些共同形态，显得更为正确些。它的意思是借用过去的建筑风格和形式，又往往或多或少是新的组合。文丘里1982年在哈佛大学所作的题为"历史主义的多样性、关联性和具象性"的报告中认为，历史主义是新象征主义的主要表现形式，是"后现代主义"运动的主要特征。并且提倡一种以装饰传达明确的符号和象征的历史主义，即所谓历史现代装饰。在实践中采用历史主义手法进行创作的建筑师有文丘里、詹姆士·斯特林、哈特曼和考克斯等人。

（2）逻辑蕴含的统一

建筑师运用历史主义的手法，从历史建筑环境中直接截取建筑形式或是符号，经过重新组合以达到新建筑在风格上与历史环境的统一，这是新旧协调中风格统一的常用方法。而逻辑蕴含的统一则更注重从以下两个方面寻求新建筑和历史环境的协调统一：一是从历史建筑的构成分析，试图用新的材料、新的语汇转译这种构成的逻辑，在创造新的形式的同时，取得与历史建筑环境的统一；一是寻找过渡体，有意识地建立新旧结合的桥梁，在新与旧之间增加中介的空间，改建后的建筑呈现某种逻辑发展过程，从而取得协调和统一。

4.3.5　映射衬托法

在历史街区中建造新建筑物一般着眼于协调的方法，研究新建筑的比例尺度、材料和色彩，从形式上或逻辑上取得与历史性建筑环境的协调，从而获得整体环境的统一感。在某些特殊的情况下，例如，从城市特色发扬的角度出发，或是保护与开发平衡的要求等，可以采取映射衬托的方法，通过异构对比而达到保护历史性建筑及环境的目的。

映射衬托的方法通常是新建筑采用局部玻璃幕墙或者是全玻璃幕墙的外立面，有意识地使历史环境中重要的历史性建筑在其中得以映射，从而达到新旧交融、对比协调的目的。其成功的案例有维也纳历史核心区新建的哈斯商业大厦、法国里尔美术馆的改扩建及美国波士顿约翰·汉考克大厦等。

本章思考题

1."共时共生"观念在历史建筑保护与再利用中是如何应用的？

2.分别列举老并入新、新融于老、新老并置、新老隔离等历史建筑保护与再利用模式的实例。

3.立面嫁接法在历史建筑保护与再利用中是如何应用的？

4.分析庆王府的保护与再利用。

第5章 历史建筑保护和修复的全过程

【学习要求】

通过本章学习，了解历史建筑保护和修复的全过程，熟悉各阶段的主要任务和要求；掌握前期调研阶段的工作内容，并能完成一个历史建筑的前期调研；掌握设计阶段的主要工作内容。

【知识延伸】

参观先农大院并了解其保护和修复的全过程。

与设计新建筑不同，历史建筑设计必须依托于历史建筑本身，只有理解了历史建筑的来龙去脉，才有可能做好保护和修复工作。因此，历史建筑设计应更翔实、细化，不应仅仅局限于图纸设计阶段，应该建立起全过程共四个工作阶段的格局，即：第一阶段——前期调研、第二阶段——设计阶段、第三阶段——施工阶段、第四阶段——资料汇编与归档。

5.1 前 期 调 研

前期调研对于历史建筑保护与修复工程而言，是最重要的，是一切设计与施工工程的前提与基础。前期调研做得越详细，对建筑的历史和现状了解得越充分，后期的设计与施工才能越精确到位。若前期调研不做或不充分，将使后期设计与施工错误百出，得不到理想的修复成果。

作为历史建筑保护和修复项目的重中之重，前期调研阶段一般由五部分工作组成：历史调研、照片汇编、建筑测绘、建筑检测、专项鉴定。

5.1.1 历史调研

历史调研即调研建筑的历史——调研建筑物的既往以及建筑活动的既往。20世纪以来，建筑历史的调研方法发生了明显的变化，即强调把建筑"个案"放到当时的社会、历史和文化背景中去调研，其主要研究内容有：

（1）该建筑初建时的背景，如初建时间、基地由来、社会背景、当时的主要建筑流派、建造技术等；

（2）该建筑在当时解决了什么问题？是否在技术方面有重大突破？

（3）该建筑对当时社会产生了怎样的影响？

（4）建筑师当时的设计思考过程；

（5）该建筑的历次修建过程和产权变更状况。

与此同时，这种调研方法旨在还原历史情境，其特点有：

（1）其调研成果将对今后的历史建筑设计产生更直接的影响；

（2）不使用今天的理论体系去评价当时的历史情境；

（3）关注的是建筑物以及建筑活动的发展与变化，既没有进步或退步之说，也没有好坏差别；

（4）从解决问题的视角去看待历史。

5.1.1.1　历史调研的原因

为什么要进行历史调研？其主要原因有两个：

（1）调研建筑是为了调研历史

每一幢历史建筑都是独特的历史载体，通过研究建筑"个案"的风格、构造、材料、技术、演变过程等，可以反过来验证或弥补建筑史、艺术史、社会发展史等方面的内容。

（2）调研历史是为了调研建筑

当建筑师接手一个历史建筑保护和修复的项目时，第一步要做的便是弄清项目的基本信息、含义和重要性。诸如：建造年代、建筑风格、建筑珍稀程度、历次修建过程、产权变更状况等。这些信息从哪里获得？官方的优秀历史建筑名单里往往只有简短的介绍，因此必须靠我们自己去采访。到图书馆、档案馆、网络、当地集市去找到相关资料与线索，去寻找历史情境与该建筑"个案"发展之间的相互关系。这些基本信息是历史建筑保护与修复的前提与基础。

5.1.1.2　历史调研的内容

历史调研的基本内容包括：建筑基本信息、建筑与产权变更状况、社会历史文化背景。

（1）建筑基本信息

1）建筑概况表。项目文献编号；所属行政区；街道名称、门牌号；历史保护建筑类型；历史保护建筑名称；关键词；项目设计情况；有关建筑类型的文字描述；建造时间（如有初建、扩建、重建等情况，则需一一注明）；项目所有者；参考文献。以天津望海楼天主教堂为例（表 5-1）。

建筑概况表　　　　　　　　　　　　　　　　　表 5-1

项目名称	天津市望海楼天主教堂
所属行政区	河北区
街道名称、门牌号	狮子林大街 292 号
文物保护建筑类型	国家重点文物保护单位
历史保护建筑类型	特殊保护级天津历史风貌建筑
关键词	望海楼、天主教堂、教案
初建时间	1869 年
重建时间	1897 年和 1904 年两次重建
维修时间	1983 年
项目使用者	天主教会
参考文献	1.天津市河北区城市建设委员会·天津市河北区城市建设志［M］·天津：天津人民出版社，1991，34-36。 2.何力军·望海楼教堂与哥特艺术［J］·城市·1993（2）：52-53

2）建筑状况描述。建筑状况描述是对"建筑概况表"的补充，主要对建筑区位、立面、室内状况进行文字描述，并辅以照片。以天津望海楼天主教堂为例（表5-2）。

建筑状况描述 表5-2

简介	望海楼教堂位于天津市河北区狮子林桥东岸桥口北侧，是天津最早的天主教堂。教堂由法籍神甫谢福音主持建造，始建于清同治八年（1869年），原名圣母得胜堂（Notre-Dame Des Victoires）。又因其建于古望海楼基础之上，天津人承袭习惯称法，称之为望海楼。 现存望海楼教堂是一座条石基础、青砖木结构的建筑，坐北朝南，南侧正立面由三个塔楼构成笔架形。教堂内部并列立柱两排，为三通廊式，建筑主体单层，南侧入口部分主体2层、中部塔楼四层，建筑面积912.7平方米，主体通长46.6m、宽15.9m，中心塔楼高22m，到十字架的最高高度24.1m。
区位	天津市望海楼天主教堂坐落于天津市河北区狮子林大街292号，当年这里建有清朝皇帝巡幸驻跸的望海楼，以及皇帝经常进出拈香的津门胜迹望海寺和崇禧观（原名香林苑）。公元1869年（清同治八年）法国天主教会在天津租界区外的三岔口地区修建的望海楼天主教堂（狮子林桥旁），作为法国天主教天津教区总堂。
立面	望海楼教堂采用了砖扶壁、尖拱门窗和圆形玫瑰窗等具有典型哥特风格的构件。据史料文字记载，这些窗户都是用彩色玻璃镶嵌的花窗，现在已经被毁，且没有留下历史图片资料。建筑正立面由三个平顶塔楼构成笔架形，中间为钟楼。入口两侧粗壮的扶壁把建筑立面划分为三段，入口设三扇尖拱门，象征天主教的三位一体。扶壁随着建筑层数的升高，层层推进，和塔楼、尖拱门窗一起，产生向上的动势。 教堂侧立面主要由高低两大部分组成。高耸的塔楼侧面和正立面一样，采用了扶壁、尖拱门窗和圆形玫瑰窗等构件。塔楼后面是较低的部分，包括了长方形的三通廊式礼拜堂和北端突出的五边形圣坛。礼拜堂一共九跨，通过扶壁分割。第一跨墙体的上半部开设一个大型玫瑰窗，其余八跨均采用尖拱窗，开窗面积很大，礼拜堂四角还设立了小角楼。圣坛是五边形、攒尖顶，墙面两侧都设扶壁，采用同样的尖拱窗，端部墙体不开窗，设壁龛。教堂外立面带有典型的哥特复兴风格。
室内	教堂建筑平面采用巴西利卡式。这是古罗马时期公共建筑的常用平面形式，特征包括长方形平面，外侧柱廊环绕，主入口布置在长边，短边设置耳室，屋顶采用条形拱券。教堂建筑的起源其实就是巴西利卡，但将主入口调整在短边。哥特教堂一般都采用拉丁十字的形制，望海楼教堂的平面形制不符合哥特教堂的特征。 望海楼教堂的结构体系也不同于一般哥特式教堂，其结构十分简单，是天津当时常见的砖木结构，屋顶是木屋架、轻屋盖。教堂室内柱子修长，中心两排是木柱，没有哥特式教堂的束柱。教堂室内屋顶的尖十字拱也不是真正的拱肋，不属于结构体系，是工匠用木头和木板仿照哥特式教堂的尖十字拱做成的木吊顶，属于建筑装修。由此可以确定，教堂立面上的扶壁并不是传统意义上的哥特式教堂扶壁，只是模仿其式样，但受力原理却不同。哥特式教堂的扶壁是为了抵抗飞券传递的侧推力，而望海楼的砖扶壁只承载木屋架的垂直荷载，不受水平荷载。

3）建筑地图，一般包含：总平面图、保护区域图、建筑分类图等。

4）建筑保护价值定位：在为历史建筑保护价值定位时，应用图纸形式在建筑群体中标明哪些是具体保护价值的历史建筑，并附上文字说明。在将来的保护与修复工作中，应反映出其不同的历史遗存与功能。

5）相关重要资料：在收集建筑基本信息时，还应尽量收集与建筑相关的图片、照片或文献等相关的重要资料。

（2）建筑与产权变更状况

调查建筑与产权变更状况，不仅能完善建筑历史资料，更重要的是为我们提供更精准的资料出处。当无法从官方得到资料时，可从历任业主档案中得到详细的资料和讯息。以柏林市"原威尔纳白啤酒厂"的建筑与产权变更状况为例（表5-3）。

柏林市"原威尔纳白啤酒厂"的建筑与产权变更状况　　　　　　　　　表 5-3

时间	产权变更状况
1860-1871 年	在庞科区边界建造税务室和关税室
1880 年	埃米尔·威尔纳购进关税室
1882 年	建造白啤酒厂、货运产地及仓库
约 1882 年	扩大啤酒厂规模，扩建麦芽车间、酿造间、地下发酵间、地下仓库、马廊、货运场地、锻造车间、钳工车间和白铁车间。
1898 年	加建一栋四层楼的厂房和一栋五层楼的麦芽生产车间
1898 年	埃米尔·威尔纳去世，啤酒厂由他的夫人与女婿接手，更名为"埃米尔·威尔纳柏林白啤酒厂"。
1935 年	并购约瑟夫·佩宁格啤酒厂
1935 年	转为股份公司
1946 年	查封威尔纳啤酒股份公司，将其移交给原民主德国全民所有制企业，成为"申豪瑟大街国营啤酒厂白啤酒厂分部"。
1956-1957 年	更新啤酒厂设施
1982 年	修整南部厂区
1990 年	停业

（3）社会历史背景

建筑不仅仅具有技术性和艺术性，作为与人密切相关的产物，其还具有丰富的社会性。调研建筑的历史必然要调研其社会历史背景。在调研历史建筑的社会背景时，应注意以下两点：

1）仅仅记录"历史调研"的成果，因此文字须精炼，无需长篇累牍；

2）"历史调研"阶段更多的是从文字着手，着重把握建筑的历史概要，至于更多的历史细节，如建筑年代分层图、建筑材料年代分层图等，将在"建筑测绘"、"建筑诊断"以及"专项鉴定"等后继研究中详细展开。

5.1.1.3　历史调研的媒介与资料类型

在"历史调研"阶段要充分利用各种可能找到的资源，去查找或购买相关资料。如：可以从官方数据库中查找历史保护建筑名单、建筑地图、产权资料等方面的信息；各类档案馆中查找建筑档案与图纸；图书馆中查找相关建筑和艺术类书籍；业主与周边居民询问相关信息；网络；当地集市（表 5-4）。

历史调研的媒介与资料类型　　　　　　　　　表 5-4

资料类型媒介	官方数据库	档案馆	图书馆	采访	网络	当地集市
历史保护建筑名单	√				√	
建筑地图	√	√			√	√
建筑档案	√	√	√		√	
产权资料	√	√		√	√	

资料类型媒介	官方数据库	档案馆	图书馆	采访	网络	当地集市
历史建筑图纸		√		√	√	
文史资料	√		√	√	√	√
老照片	√	√	√	√	√	
明信片			√	√	√	√
采访纪要				√		

5.1.2 照片汇编

照片记录历史建筑状况是前期调研形式之一，不能由文字替代。照片能提供科学的比对依据，它最能清晰直观地反映建筑上发生的任何变化；照片可以作为设计时随时参照的基础资料，如立面汇编、室内汇编和门窗汇编等；照片可以作为后期施工的参考，如通过前后照片的比较就能发现建筑损毁状况的变化，以避免在施工过程中对建筑的损害。照片能抓住对象的瞬间，能还原大量的细节，信息密度高，完整性好。但照片汇编具有其局限性，即"照片不能记录真实，只能记录真实的片断"。二维照片既不能反映真实的色彩和氛围，也不能反映真实的光线；它其实只是通过或生疏或娴熟的技巧、选择不同的相纸类型而最终冲印出来的成果而已。照片的优劣主要取决于清晰度、光照和拍照前的准备程度。

照片汇编分为三个基本阶段：

第一阶段——历史延革

该阶段工作主要是收集建筑各历史阶段的照片，照片类型不限，从书籍资料上拓下来的图片、明信片、由受访者提供的照片、在建筑现场拍的数码照片等均可，并附上相关的文字说明、草图和色卡。

第二阶段——施工前期记录

主要收集建筑在施工前期某一个或某几个时间段的建筑现状照片。在拍照时，通常会在照片内放入编号牌和比例尺。

第三阶段——"检测节点"汇编

主要收集各时间段"检测节点"的照片，照片类型以胶片冲印的彩色照片为主；所谓"检测节点"，就是指建筑中需要特别研究的地方。

照片编号方法分两类：

第一类：编号不在照片内

1）利用可以随时查看照片编号的数码相机。

2）利用 Photoshop 等电脑软件添加照片编号，在添加编号时，先利用 Photoshop 制作立面索引图，在立面上为所有已经拍摄过的建筑构件添加编号，然后再为每一张单独的建筑构件照片添加编号，该编号必须与立面索引图上的编号一一对应。

第二类：编号在照片内

将编号置于拍摄对象旁边，与拍摄对象一同拍照。这种方法不需要后期编号，不会出现编号错误现象，但是需要提前制作编号。

5.1.3 建筑测绘

5.1.3.1 建筑测绘的分级

在对单体建筑的测量中，按测量对象的范围，即测量工作涉及的部位或构件范围大致可分为全面测绘、典型测绘和简略测绘三个等级。

（1）全面测绘

从工作深度和范围而言，全面测绘是最高级别的测绘。要求对古建筑进行整体控制测量，并测量所有不同类别构件及其空间位置关系，尤其是对结构性的大木构件如柱、梁、檩、枋等，要进行全面而详细的勘察和测量。实施重要古建筑的修缮、迁建工程时，都必须进行全面测绘。

（2）典型测绘

典型测绘与全面测绘要求基本相同，但测量范围并不覆盖到所有构件或部位。对于重复的构件或部位，只选取其中一个或几个"典型构件（部位）"进行测绘。所谓典型构件是指那些最能反映特定的形式、构造、工艺及风格的构件。一般情况下，建立文物保护单位记录档案、实施简单的文物修缮工程或出于研究目的进行测绘，都至少应达到这一级测绘的要求。

（3）简略测绘

测绘深度未达到典型测绘的标准，都应属于简略测绘。这种测绘成果不能作为正式的测绘记录档案，原则上不能对较高级别的文物单位建筑采用这一级别的测绘。

5.1.3.2 建筑测绘的类别

建筑测绘根据用途可以分为三类：

1）常态下用于记录建档的研究性测绘；

2）保护工程实施前的变形观测；

3）保护工程施工期间对隐蔽部分的跟踪测绘（图 5-1）。

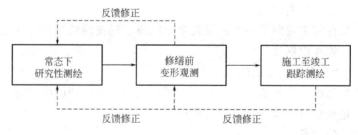

图 5-1 建筑测绘的类别

5.1.3.3 测绘基本知识

（1）常用工具与仪器

1）常用手工测量工具：

距离测量常用工具：皮卷尺、钢卷尺、小钢尺。

在测量中找水平线（面）及铅垂线（面）时的工具：水平尺、垂球和细线（图 5-2）。

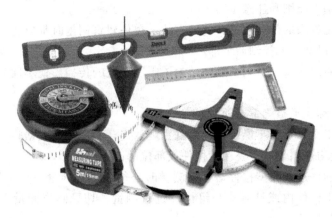

图 5-2　常用手工测量工具

2）测量辅助工具和设备

用于拓取某些构件的纹样：复写纸和宣纸；摄影摄像器材。

用于建筑较高部位测量的辅助设施和工具：梯子或简易脚手架、竹竿。

3）测量仪器

测量仪器由水准仪、经纬仪、平板仪、全站仪、手持式激光测距仪、三维激光扫描仪等。

（2）一般工作流程

利用传统手工测量手段，对一座单体建筑进行测绘，大体经历准备、勾画草图、测量、整理数据、制图、校核、成图、存档等阶段。其中勾画草图是一个很重要的但容易被忽视的环节，下面重点介绍勾画草图的方法和注意事项。

勾画草图就是通过现场观察、目测或步量，徒手勾画出建筑的平面、立面、剖面和细部大样图，清楚地表达出建筑从整体到局部的形式、结构、构造节点、构件数量以及大致比例。草图就是测量时标注尺寸的底稿，标注了尺寸的草图称为测稿。

历史建筑的形式随地域、年代不同而千差万别，因功能级别的不同又有繁简、大小的差异。因此，完整记录历史建筑所需的图样不尽相同，但大致应包括：总图、平面图、立面图、剖面图、门窗大样图以及其他细部大样图。草图的内容也大致按这个框架进行安排。

勾画草图时应用清晰、肯定的线条表达所有明显的交界线。在遇到木梁上不笔直的边缘时，也应该用肯定的线条记录下来。但有些时候应该用某些特殊的手法记录下真实的状况（不用肯定的线条，可采用类似素描等手法），如：方木上留下的树皮、不规则的墙体边缘、断裂处、毁损处、表层结构、残留痕迹、石匠留下的记号等。绝对禁止运用那些建筑师比较喜欢的现代速写手法，如：在线条的末尾顿一下，俗称的"抖抖线条"，或故意画得比较潦草等。测绘图是为了真实地记录建筑现状，里面的每一条线、每一个点都有其含义，在绘制测绘图时，炫耀速写技巧是没有任何意义的，那是舍本逐末的做法。绘图时还应尽量减少橡皮擦拭，保持图面干净。这要求测绘者有一定的绘画基本功，初学者可以从整体出发，先用较硬的铅笔轻轻画出结构线，然后再用清晰的线条画下来。

（3）测绘的基本原则和注意事项

一般来说，无论采取何种仪器、何种方法，单体建筑测量时都应遵循以下原则：

1）从整体到局部，先控制后细部

这是一条重要的测量学原则，目的是为了限制误差的传播，使不同局部取得的数据能够统一成整体。

2）方正、对称、平整等不能随意假定

是否对称、正交、平整不能仅凭观察就主观认定，而应当用数据验证。

3）选取典型构件测量时，要注意构件或部位的同一性

典型测绘级别，选取典型构件后，在测量时必须注意：测量一组构件或某一构件时，必须尽可能在这组构件内或针对这一组构件进行测量，切忌随意测量不同位置的构件尺寸，拼凑成完整的尺寸。

4）充分注意一些特定情况

对于建筑的一些细部线脚或装饰做法等，不能忽略，应充分注意，并加以测量。

测绘时需要注意以下事项：

在测绘阶段，下述不可逆的行为是绝对不允许的：如揭开墙纸、在结构部位打洞、敲打粉刷层等等。如果不是出于进一步研究的需要，那么上述行为无异于是一种破坏。如果出于研究目的，必须揭开建筑表层进行内容构造研究时，则需转交专业技术人员执行，如：历史建筑修复师、建筑研究学者等。至此建筑测绘需暂停，直至上述研究工作结束后再继续。

5.1.4　建筑检测

为什么要进行建筑检测？因为某些建筑建造年代久远，至今已经历过非常复杂的扩建、重建与加建等过程，而这一切如果不经过各种专业化的检测手段，是无法清晰地还原在人们眼前的。如果其中的某些历史信息、细节被忽略或误读，则必将造成巨大的损失。

建筑的检测主要内容包括：检测节点；检测方法；建筑检测目标；一般检测流程；检测报告。

5.1.4.1　"检测节点"与检测方法

（1）什么是"检测节点"？

在建筑中需要被检测的那个部位，我们称之为"检测节点"。"检测节点"可大可小，小到一小块木皮或一小块粉刷，大到一扇窗户、一幅画，都可成为"检测节点"。

发掘"检测节点"的过程也是我们更加深入透彻地了解历史建筑的过程，因此应特别注意建筑中那些隐藏的或平时不容易注意的特征，如：木材拼接方式；木匠留下的施工线、钉子位置、甚至涂鸦等，这些都可成为"检测节点"。由于"检测节点"涵盖的范围极广，有时也将"建筑检测"称为"节点检测"。

（2）"检测节点"类型（表 5-5）

（3）检测方法

1）无损检测节点

通常是直接选取一个对象（如建材、木结构、木材拼接处、木匠留下的施工记号、涂鸦等）作为"检测节点"，用肉眼观察该对象的材质、构造等方面的特征。

"检测节点"类型及方法 表 5-5

序号	"检测节点"类型	具体内容	检测方法
1	设备构件	那些通过辨认风格便能断定建造年代的设备构件,如:门窗、护墙板、装饰、雕塑等;以及那些大概能估计出建造年代的设备构件,如:地板(通过钉子和地板条的宽度来估计地板的年代)	肉眼观察法
2	结构	通过结构类型、施工技术、连接和装配方式来辨别结构的年代	肉眼观察法、"开洞"法、木龄学检测、实验室化验
3	结构构件和建材	通过比较结构构件和建材的使用方式来辨别建造年代	肉眼观察法
4	记录建筑变形状况的测绘图	如果是同时期或几乎同时期的建筑,那么它们的变形状况应该类似。反过来说,如果建筑的变形状态完全不同,那么它们就不应属于同一时期。从真实记录建筑变形状况的测绘图中,我们往往能得出重大结论	肉眼观察法、测量
5	多层粉刷层(或油漆)	检测粉刷层的先后顺序与粘接方式,最终推测出先后的建造年代	开"窗口"法
6	单层粉刷层(油漆)	那些通过辨别表面的装饰元素就能断定建造年代的粉刷层,如:壁画	肉眼观察法、开"窗口"法
7	结构缝	通过检测覆盖在结构缝之上的粉刷层或壁画来断定建筑年代	肉眼观察法、开"窗口"法
8	丧失功能的建筑构件	发掘出那些丧失功能的建筑构件,并判断其建造年代	"开洞"法、开"窗口"法
9	标准粉刷层	如果能断定某一粉刷层的年代(称其为标准层),那么也就便于其上下层之间的年代断定。标准层的断定有许多方法,如通过附在粉刷表面的铭文、装饰来断定,或通过其他确凿无误的证据,如木龄学等	肉眼观察法、开"窗口"法、木龄学检测
10	表层的污染物	由于建材表层暴露的时间不同,那么被污染的程度也会不同;可以通过覆盖在建材表面烟炱等的位置、面积与程度的不同,来断定不同的建筑时代	肉眼观察法、显微镜检测、实验室化验
11	建材表面的铭文	铭文上通常会记录建筑年代与结构等重要信息。特别注意的是,对于铭文上记录的建造时间必须经过核实	肉眼观察法、显微镜检测
12	一些特殊的记号	如工匠留下的记号、线条等,有些时候通过这些特殊的记号便能判断建造年代	肉眼观察法
13	各种建材	通过科学方法鉴定建材的年代,如木龄学、光波检测法等。然而如果是再利用的建材,那么就难以用来判断建造年代了	木龄学检测等

2)开窗口

开"窗口"是建筑检测并鉴定材质的一种特殊方法。

以鉴定墙面粉刷层为例,德国的历史建筑通常 5～10 年维修一次,所以墙面上必须存在多层的粉刷层。在打开"窗口"时,一般先在墙体表面划一个边长为 5cm 的正方形,然后用手术刀轻轻刮擦,直至出现最近一次维修前的粉刷层为止;上移 1cm 后继续刮擦,直至出现上次维修前的粉刷层;以此类推,直至发掘出所有粉刷层为止。这一"窗口"最终

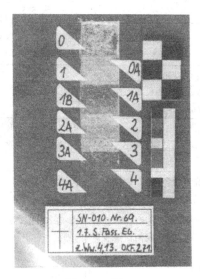

图 5-3　开窗口

展现了从建成伊始至今所有历史时期的墙面粉刷层。在为"窗口"拍照前，必须先贴上标签和色卡。标签上包含粉刷层的层数、比例尺、纵横坐标、定位编号等内容（图 5-3）。

3）"打洞"

"打洞"，顾名思义，就是在建筑的室内或立面上挑选适当的地点进行挖掘，打洞的范围可大可小、深度可深可浅，有时可能仅仅扒开粉刷层表面，有时可能深入结构，一切以尽可能少地破坏建筑、同时又能搞清楚材质为前提。每一次"打洞"都必须有草图记录，比例适当。在为"打洞"拍照前，必须先贴上标签和色卡。标签上包含建材的层数、比例尺、纵横坐标、定位编号等内容。

4）切片样本

对墙面、木材、门窗等建材进行切片取样后，用显微镜进行观测。选取切片样本的地方为"检测节点"。每一个切片样本都需拍照存档，这是一种在显微镜下的特殊拍照方法，所采用的工具为显微镜专用检测工具和仪器。

我们提倡无损的建筑检测方法，如肉眼观察法，既不损伤建筑，又能获取大量信息。至于开"窗口"、"打洞"或切片取样等检测方法，应当极其克制地运用，并严格控制"检测节点"面积的大小。

5.1.4.2　建筑检测目标

保护历史建筑的目标就是保存原有的建筑构件，修复损毁的、有安全隐患的部位，以保持建筑的原真性。建筑是历史和文化的载体，因而在修复历史建筑的过程中，应使其承载尽可能丰富的历史和文化信息，不要轻易地抹杀或扭曲它。然而，该如何判断建筑中的诸多信息？哪些才是有价值的历史与文化信息？这就需要进行建筑检测的工作。概括地说，建筑检测的目标就是探究以下内容：

1）检测建筑年代（包括初建与历次改扩建）；

2）检测建筑结构；

3）检测建筑损毁状况与原因；

4）检测建筑材料；

5）检测施工工艺等。

然而，即使是再充分的检测工作也不能还原所有的建筑历史，而发掘过多的"检测节点"不仅会增加建筑预算，还有可能对建筑造成不必要的破坏。因此，在一幢建筑中究竟需要发掘多少个"检测节点"，需要极富经验的专业工作者来把握其中的度。

5.1.4.3　建筑检测流程

建筑检测的基本流程如下：

1）收集历史建筑的基础资料；

2）拟出所有房间与固定设备，并列表；

3）深入研究真实记录建筑变形状况的测绘图；

4）发掘与分析"检测节点"；

5）"检测节点"分析；

6）分析"检测节点"年代，并按年代归类；

7）"检测节点"资料汇编；

8）完成成果报告。

5.1.4.4 检测报告

检测报告是历史调研、照片汇编、建筑测绘与建筑检测等四阶段工作的综合成果，它将作为历史建筑保护与修复工作的直接依据，也是后期设计与施工的重要基础。检测报告的内容可以根据前期调研深度、研究目的、专业人员撰写报告时着眼点和深度的不同而有所调整，并无既定格式。

5.1.5 专项鉴定

正如上文所述，较为常用的建筑检测方法有四种：肉眼观察法、开"窗口"、"打洞"与显微镜观测法，而当建筑情况较为复杂时，则需运用另外两种较为专业的专项检测方法，即：木龄学检测和实验室化验。该项工作需要专业机构来进行专项鉴定，鉴定的对象很多，如：结构、木材、石材、钢材、建材成分、损毁状况、门窗、地板、潮气、有毒物质、消防、电力设备、排水系统、机械、保温性能等，因此专项鉴定是节点检测的延伸和发展。由于专项鉴定的范畴相当专业，因此仅作泛泛介绍，不作深入探讨。

（1）结构鉴定

结构鉴定工作步骤主要包括：现场考察；了解结构历史；收集结构资料；结构鉴定；结构鉴定报告。

（2）木材鉴定

木材是历史建筑的主要材料，应用广泛。

木材鉴定的内容主要包括：木材的化学成分；木材的物理力学性能（含水率、密度、强度）；木龄学检测；木材的生物败坏检测；木材的物理损坏检测；木材的化学损害检测。

（3）其他建材鉴定

其他检测鉴定是指历史建筑中除了木材以外的瓦、砖、土、石灰、石材、抹灰、油漆等建材的化学成分与物理性能鉴定。化学鉴定包括：成分鉴定、水泥分析、颜色分析、氢化硫测试、石灰溶解能力测试、pH 值测试、总硬度测试、碳酸盐硬度测试、氯化物含量测试、硫酸盐含量测试、镁含量测试、铵含量测试、硝酸银含量测试、材料的堆放能力测试等；物理性能鉴定包括：防火试验、抗压抗拉抗剪强度测试、透气性测试、水含量测试、盐含量测试等。

（4）建材损毁状况鉴定

发现建材损毁的状况，发掘建材损毁的因素并控制它，找到已损毁建材的修补方法，这就是研究建材损毁状况的直接意义。该阶段的研究成果将对施工过程中的建材保护与修复起到决定性意义。

建材损毁的因素基本可以归结为自然与人为两大原因。

抹灰损毁的类型有剥落、裂缝、受潮、盐碱化、真菌或藻类生长、空鼓、砂化、变色、污脏等；砖墙损毁的类型有受潮、霜冻、盐碱化、表层侵蚀、建材膨胀、建造过程的破坏、植物生长等。

5.2　设　计　阶　段

前期调研完成后，便进入设计阶段，设计阶段决定了历史建筑保护修复的最终效果，因而具有不可替代的重要性。就设计过程而言，历史建筑设计与新建筑设计相同，通常也分为四个阶段，分别是：概念设计、方案设计、扩初设计、施工图设计。然而，就设计思路而言，历史建筑设计又区别于新建筑设计而有其自身的特点，主要体现在两个方面：

（1）在设计过程中必须遵循历史建筑保护和修复的一般原则；

（2）必须重视历史建筑的现状。

5.2.1　设计阶段的工作内容

设计阶段主要包含以下九个方面的工作内容：

（1）设计的原则

历史建筑保护和修复设计的原则有整体性原则、动态性原则、以建筑见证历史和把握"旧"的分寸感与价值四个。

（2）确定建筑及其构件的价值

通过前期调研中的节点检测与专项鉴定，以及设计初期的资料查找与比对，确定建筑及其构件的价值。

（3）确定保护和修复的类别

通过价值判断确定建筑及其构件的保护和修复类别，保护和修复的类别有以下四种：

1）原样保留

指完全保留其原貌，不必进行修缮和加固，但可以进行表面清洁等工作。

2）按原样修复

指轻微损坏，只需进行简单的修缮即可恢复原貌，一般不包括结构构件的损坏，而只是门窗、地面等的损伤。

3）按原样恢复

指损坏较严重，需按原样进行设计施工，通常是指已构成安全问题和承载力不足的损伤。

4）按原样改建

指已完全损坏，已无法通过修复保留其原貌，则只能通过拆除后按原样进行设计施工对其进行保留，该措施一般应经文物保护管理委员会的批准才能采用。

（4）确定修缮方法

目前，国内历史建筑的保护修缮主要采用以下三种方法：

1）一般修缮

即采用近似材料（同类材料、质感颜色相近）进行修复，修复后的历史建筑在外观效果上比较协调，但无法完全达到法规的保护要求，且与国际上同类建筑的保护有一定距离。

2）原状修复

是指在掌握确凿的历史资料情况下，对历史建筑残缺部分按原状恢复，或现存的历史修缮已贬低了历史建筑的价值时，对历史建筑按原状恢复，对破损处采用近似材料按原型进行修复，尽量保留原有材料并采取措施提高其耐久性。

3）现状修复

是指保留历史建筑现状，按目前的外观进行修复，对破损处不进行修复，完全保留原有材料并采取措施提高其耐久性。

（5）为所有亟待保护和修复的建筑及其构件列表

为所有亟待保护和修复的建筑及其构件列表，通常以房间为单位，逐一记录构件编号、名称、保护和修复类别、说明等内容，还可附上链接照片。

（6）初步拟定需拆除的建筑构件

一般来说，在方案设计结束后初步拟定需拆除的建筑构件，然后在扩初与施工图设计结束后再次核对修改。

（7）历史建筑的功能定位

历史建筑具体反映了一个城市在某个时代所特有的文化、特色及历史特征，是人类的共同财富。随着设计的飞速发展，我们应对历史建筑采取一种更为积极的保护方式，即结合建筑本身的特点而进行适当的功能置换，使它们能够符合现代生活的要求。

在设计历史建筑的新功能时，不应过于严谨和拘泥，应当拓宽思路，发掘历史建筑的潜在价值，积极探寻适宜的新功能。但需要指出一些历史建筑中不适宜的功能转换：

1）不要轻易将历史建筑转变成档案馆或图书馆之类的用途，因为这类建筑荷载过大；

2）不要动不动就把历史建筑变成博物馆，这种把历史建筑当文物"处理"的方法反而限制了建筑的可能性；

3）不宜将百货公司之类的大型历史建筑分割成过小的单元，如公寓等；

4）不应未经过充分的前期策划，就贸然地将历史建筑改建成星级酒店、会议厅等高标准场馆。由于该类场所标准高，往往需增设许多设备，这可能会干扰历史建筑的原貌；

5）历史建筑中的人口密度不宜过高；

6）如果历史建筑的屋顶结构极具价值，那么就不适宜搞屋顶改建；

7）不适宜在极具价值的房间上方增设厨房和卫生间等，特别是当这些房间的天花板上有石膏雕饰和绘画时。

（8）历史建筑设计方案

和新建建筑设计类似，历史建筑设计也需要利用多种设计方法，经过多轮修改，不断优化方案，从概念设计到方案设计，到扩初设计以及施工图设计。

（9）拟定历史建筑设计修复导则

方案设计完成后尚需拟定历史建筑设计修复导则。

5.2.2 设计的原则

（1）整体性原则

城市是一个整体的系统，城市的各组成要素是一个整体。建筑的组合形成了城市，但城市并不是建筑的简单叠加与机械组合。对于城市历史环境来说，则是体现为单体历史建筑——历史地段、街区及建筑群——城市整体历史环境，每一个层面都涵盖着上一个层面，且每一个层次都有自身的特点。被开发再利用的历史建筑作为活化城市历史街区的点，将逐渐带动整个区域的发展；多个区域的更新变化，又将促进城市的不断更新发展。

历史建筑的修复设计，首先要坚持整体性的原则，站在整个城市的角度，以综合的视角去处理各种矛盾，以全面的眼光去协调各种关系，而整体性原则的重要判断指标就是设计是否符合城市规划。

首先，整体性原则要求历史建筑的修复设计必须要服从城市规划的要求，从城市发展的层面看待历史建筑的修复。城市规划应该对历史建筑修复设计的深度，包括根据建筑所在位置和区域决定是否允许加层、加建、是否可改变立面风格及细部装饰、必须原样保留和可适度改变的范围、改变的适宜比例等做出明确的限定，这些内容也成为支持和衡量具体的设计策略和手法的根本准则。再高超的设计手法，都必须立足城市的高度和视角，服从于城市规划和城市历史风貌保护的前提。

其次，整体性原则还表现为修复历史建筑的同时保护历史环境。这里所说的"保护历史环境"有两层含义：第一，保护单幢历史建筑的周边环境；第二，保护成片历史文化风貌保护区。

第一，保护单幢历史建筑的周边环境。联合国教科文组织亚太地区文化部顾问理查德·恩格哈迪博士指出："保护历史建筑不单是保护一块砖、一座墙等建筑结构，最重要的是保护其精髓和文化，保护建筑的同时必须对周边环境进行保护，有规划地考虑周边设施。保护的最终目的是要为人提供更好的生活环境。"

正由于周边环境是历史建筑整体历史特征的组成部分，因此认定、保持和保护历史建筑周边环境特征非常重要。历史建筑周边环境包括：1）交通设施（步道、路、停车场等）；2）植物（树木、灌木、田野、草本植物等）；3）地形地貌（梯田、平台、坡地等）；4）周围建筑设施（灯柱、栅栏、台阶等）；5）装饰物（雕刻品、雕像、纪念碑等）；6）水系（喷泉、溪流、水池、湖泊等）；7）地下具有考古价值的资源等。

事实上，历史建筑环境保护却没有得到应有的重视。例如，一些老房子周边的青石板路被随意地更换成平整的花岗石铺地，使得老房子仿佛断了地气一般，孤零零地与周边环境不再有任何联系。又例如，山西大同悬空寺山脚下千百年来都是碎石遍野，道不尽的岁月沧桑，然而却在几年前的悬空寺环境综合治理工程中"对寺下 5000 平方米的场地进行草坪绿化"，这使得悬空寺的周边环境骤然失去了历史感不说，在绿油油的草坪的衬托下，悬空寺仿佛一个建筑模型般失去了尺度感（图 5-4）。

第二，保护成片历史文化风貌保护区。以上海为例，其历史建筑保护工作的重点正在从历史建筑单体的保护转向成片历史文化风貌区的保护，如徐汇区衡山—复兴路风貌区、武康路一条街及卢湾的思南坊的成片保护改造等。近年来，上海市坚持以"修旧如故、内外兼修"为原则，有重点地推进本市历史文化风貌区和优秀历史建筑重塑功能、重现风貌，全面完成了"2 片、6 线、24 点"目标任务，即：修缮整治了卢湾、徐汇区 2 个成片街坊；徐汇武康路、衡山路、黄浦外滩沿线、南京东路、卢湾绍兴路、田子坊等 6 条风貌道路；外滩源益丰洋行、提篮桥原摩西会堂、原虹口救火会、沙泾路原工部局宰牲场、万航渡路湖丝栈、东平路 7 号原孔宅、延安中路 393 号原中德医院等 24 处优秀历史建筑。同时，重点推进原江南造船厂等 7 幢保护建筑的保护修缮和利用。

图 5-4　环境整治后的悬空寺

注：扫码可见
图 5-4～图 5-7 彩图。

（2）动态性原则

城市的整体性、复杂性与系统性要求城市历史建筑的修复设计必须坚持动态性原则。任何一个系统都是一个"活系统"，无时不处在演变、进化之中，城市系统也是如此。城市本身处于不断演进之中，在城市中，经济、文化、社会、生态等因素不断耦合，并反映在城市物质环境之中；同时物质环境建构起来，又会在一定程度上影响城市的经济、文化、生态过程，使城市自身不断进化。

历史建筑的修复再利用，在动态性原则的指引下，更应着眼于城市是一个连续的变化过程，应当使整个设计过程具有更大的自由度与弹性，而不是建立完美的终极环境；它不仅仅是一个目标取向，而是一个过程取向与目标取向的结合；它必须与城市的发展相结合，必须适应不断进化的城市空间。

具体来说，动态性原则要求在对历史环境的规划中，应将历史—现状—未来联系起来加以考察，使之处于最优化状态。动态保护强调的是持续规划、滚动开发、循序渐进式和控制性规划，在着眼于近期发展建设的同时对远期目标仅提供一些具有弹性的控制指标，并在规划方案实施过程中不断加以修正与补充，以实现一种动态平衡。应该说，动态保护规划是根据历史环境和历史建筑的各种具体情况，因地制宜地确定相应的保护策略，使其既保持其历史的真实性，又能适应不断发展的实际要求。相对于以恢复原貌为主要目的、以控制性措施为主要思维模式、保护效果差强人意（经常会造成历史环境消失或者破败不堪，如北京平安大街的改造及西部若干历史文化名城的衰败）的静态保护来说，动态保护是一种因地制宜的、保护与更新相结合的、长期持续的保护方式，通过新旧元素的重组与弥合，为历史环境注入新的活力和提供发展的可能性与自由度，是发展中的保护。

（3）以建筑见证历史

"历史古迹的要领不仅包括单个建筑物，而且包括能从中找出一种独特的文明、一种有意义的发展或一个历史事件见证的城市或乡村环境。"（《威尼斯宪章》第 1 条）。

以建筑见证的历史不仅仅是指建造初期的历史，更是指建筑所经历过的全过程的历史。有些观念认为，"优秀历史建筑所代表的就是它初建时的状况，因此在进行保护和修复时应拆除后期的改扩建部分，然后按最初的面貌予以恢复"，这种观念有待商榷。事实上，优秀历史建筑所保存的各个历史时期的建筑形制、结构形式、构件质地与制作工艺等才是它的价值所在。也就是说，优秀历史建筑所保存的各个历史时期的修建痕迹都是历史记录，在修复时应予以重视和保护。

目前国际普遍认同的做法是：对历史建筑的材料、形状和曾经的功能作用要保留一定的痕迹，要使人感受到历史的延续性；要用发展的观念来对待传统建筑的修缮，尽量采用历史重叠的方式，使修复后的建筑成为历史的叠加。

实例 1：柏林新博物馆重建项目

柏林新博物馆始建于 1841 年，建筑风格为新古典主义，设计师为弗里德里希·奥古斯特·施蒂勒。1939 年，第二次世界大战期间，柏林新博物馆遭遇炸弹袭击而严重损毁，藏品随即被转移，博物馆闭馆。1999 年，柏林新博物馆所在的博物馆岛被联合国教科文组织评为世界文化遗产。1997 年，德国政府开始翻修柏林新博物馆，负责修缮的建筑师为大卫·奇普菲尔德（David Chipperfield），总费用为 2 亿欧元。2009 年 3 月 5 日，柏林新博物馆的修缮工程完成。10 月 17 日，正式对公众开放（图 5-5）。

图 5-5　柏林新博物馆

实例 2：德国科隆柯伦巴博物馆

这个建筑是从一个旧天主教教堂的废墟中诞生的。"让建筑见证历史"可以成为设计的出发点，设计师是瑞士建筑师彼得·卒姆托（Peter Zumthor）。该教堂早在公元 988 年的一份文献中就有记载，以后不断改建和重建，于 1500 年形成一座哥特式教堂，在二战中教堂被炸毁，1973 年，经考古发掘，发现教堂下有一处重要的历史遗迹，其年代可以追溯到公元 1 世纪，其中有罗马、中世纪时期的遗存。

卒姆托以其对材料的利用而著名，尤其在构造细部设计上的造诣令人叹为观止，他用灰砖将四分五裂的建筑基地缝合起来。这些建筑碎片中包括哥特式教堂的残垣断瓦、罗马及中世纪建筑的石头废墟，以及德国建筑师戈特弗里德博姆在 1950 年为"废墟中的圣母玛利亚"建造的小教堂。灰砖立面将老教堂的立面修补一新，呈现出这座当代博物馆的外观。砖墙之间有很多空隙，使光线能够透射到博物馆内的一些特殊空间。随着季节的变换，"斑驳的光影交错在残垣断壁之上"，营造出一种安宁而千变万化的环境（图 5-6）。

为了展示各个历史时期的建筑遗存，卒姆托设计了一条曲折的木制步道呈对角线的架

图 5-6　德国科隆柯伦巴博物馆

设在遗址之上，人们可以沿着步道所规定的路线，从大厅入口出发，经由存留下来的柱墩、残垣断壁、礼拜堂的彩色玻璃窗等，到达最远处的原圣柯伦巴教堂的圣器室。这条步道就是见证历史的最佳途径（图 5-7）！

图 5-7　木制步道

（4）把握"旧"的分寸感与价值

我们经常有这样的体会，很多老房子修缮过后反倒没有看头了，房子往往由于修的太新而失却了历史的厚重感。因此可以说，对"旧"的把握体现了一种价值取向。

以德国柏林威廉皇帝纪念教堂为例，该教堂建于 1891～1895 年，是威廉二世皇帝为纪念他去世的祖父——德意志帝国首位皇帝威廉一世而下令建造的，历时三载完工。该教堂位于德国柏林布赖特沙伊德广场，使用了大量的马赛克、雕塑和浮雕，借鉴莱茵兰地区教堂的特点，是一座带有哥特式元素的新罗马式建筑。

这座教堂，更为人熟知为"断头教堂"：在二战时期被轰炸掉了屋顶，德国人为了警示后人不要战争，没有修复教堂，而是留下了因为战争所留下的痕迹。并在周围建造了新教堂和钟楼、礼拜堂和前厅，旧建筑和新建筑的合二为一给人压迫感，作为警世战争的纪念。凡是有损于民族形象的任何事与物，本都应遮蔽隐藏起来，可谁能想象，六十年过去了，这座受伤的残疾教堂依然静静地矗立在柏林市中心，业已成为德国人记忆中的耻辱丰碑。它似乎在警示着德国人乃至全世界的人们都永远不要忘记这段历史。一个有尊严的民族在经历了战争失败后，却并没有洗刷掉这个耻辱，这又该是种什么精神呢？这当是一个民族最伟大的精神。然而正是由于该教堂的"破"和"旧"，才能引起参观者的震撼和反思，这就是"旧"的价值（图 5-8）。

图 5-8　德国柏林威廉皇帝纪念教堂

5.2.3　建筑形式的语言表达

历史建筑的修复设计要通过创造性的挖掘原有建筑内涵，充分考虑既存的建筑环境，并结合适当的现代建筑语汇加以表达，进而实现历史建筑在审美、文化、情感需求等方面的多重意义。各种各样的建筑思潮和方法在特定时代的突出影响力，如今已经大都被广泛应用到历史建筑修复设计当中，许多优秀的修复设计往往是建筑师对各种风格手法成熟运用的结果。虽然由建筑形象和建筑语言而塑造的审美情结并不是目的，但它们构成了建筑环境和空间的华丽外衣，是建筑不可或缺的外在表现。

源于 20 世纪初的现代主义思潮对历史建筑修复设计的影响最深最广，主要表现在三个方面：

第一，对历史建筑进行修复设计是历史建筑在当代的重生，必须满足当代的使用功能；

第二，历史建筑的修复设计必须反映当代的材料、技术和美学观念，是具有时代特色的新形式；

现代主义之后，后现代主义、解构主义、地域主义、高技派、极少主义等思潮相继涌现，这些思潮倡导的具体设计手法和审美倾向，也被广泛应用于历史建筑的修复设计实践中。

（1）高技表达

从早期探索玻璃和金属等现代材料的表现力，到现在的生态高技和技术美学，注重高度发达的工业技术自身表达和建构的艺术表现成为高技派的一个重要美学特征。在历史建筑修复设计实践中，玻璃和钢材等现代材料和技术的运用，可以与历史建筑旧肌体的沧桑质感形成鲜明对比，直观地表现了新旧的更替和融合，因而被广泛采用。

在 1985～1988 年对伦敦渔市（Billingsgate Market）的修复改造中，理查德·罗杰斯就采用了其一贯的高技创作手法。罗杰斯将大部分腐烂失修的木屋架替换并漆以白色，使之看起来有钢结构的轻盈之感。原来天窗上的传统平板玻璃被代之以新型的棱镜式玻璃，从而防止了阳光的直射和眩光，同时提供了稳定的北向采光。在主入口处理方面，罗杰斯通过无框玻璃幕墙在老建筑的古典沿街立面之后塑造了一个新的立面，原有的铸铁雕花大门仍然保留下来，从而使现代材料塑造的高技造型与古老的旧肌体之间通过强烈的视觉冲击而达到完美的平衡。另外，罗杰斯从原来的二层楼板处悬挂下的轻巧的钢结构夹层，并且在老建筑的地面上架设了一个内含各种电器及通风设施的架空地板，使建筑内部空间也极富高技特征。

（2）地域主义表达

质朴的地域主义强调使用地方材料、采用当地的建造方法，创作具有地方特色的建筑。在中国的传统建筑中，砖和木一直都是最为常用的建筑材料，尤其是木结构曾是中国建筑历史发展的主要线索，这与欧洲国家惯用石材等建筑材料不同，因而二者塑造的建筑风格和特征也是迥异的。鉴于砖、木等地方材料所代表的地域性特征，在历史建筑修复设计的创作中，设计师经常会将其作为建筑表现的语素，除了普通的围护或装饰意义之外，还暗合了循环和再生的精神隐喻。当然在当前的历史建筑改造中，对砖、木等地方材料的使用，已经摆脱了其在历史建筑中单纯满足功能的角色，而往往成为改造设计的逻辑表述的主题，能够唤起对传统文明的追忆或对当地文化的呼应，是构成建筑精神的象征。另外，一些富有地域特色的装饰手法、构件和材料同样也有助于建筑的地域主义表达。

广州东湖公园边的一座四层高的旧银行建筑，被韦格斯杨室内设计事务所改造为办公楼使用。在对其原本单调乏味的外立面进行改造时，设计师大胆地采用了木材作为新立面的主要装饰材料，但是以现代的构图方法与建筑原有的小瓦坡顶相映成趣，体现了现代地域主义的回归。

由原国立中山大学教授别墅改造而成的建筑文化遗产保护设计研究工作室，则以对岭南传统民居中的构件元素的再现，体现了地域主义表达。由于基地北高南低，主要道路在北侧，因此主入口布置在北侧临道路，通过一条1米多宽的引桥直接进入二层的主入口。为了强化引桥的引导性，在引桥靠近道路的位置增加了一幅短墙，墙上开门，成为入口的暗示。短墙顶部造型设计了黄色钢结构的简化坡顶，同时以横向钢管模拟西关趟栊门的造型，短墙顶部还设置了类似传统建筑脊饰的琉璃构件。这座大门即是公共与私人区域的分界线，同时也是建筑主体的入口标志，在形式上它并不是简单的模仿，而是以现代的材料塑造具有时代特色的传统地域特征。

（3）解构主义表达

解构主义是兴起于20世纪80年代中期的一股建筑思潮，其研究的重点是设计方法和思维方法。按照解构主义的"二元对立"（Binary Opposition）原理，不能把文化中的任何一项看成独立自主的实体，而应在各项的相互关系中确定其价值。解构主义的方法论体现在历史建筑再利用的创作手法上，解构主义对新旧关系的处理抱有最为激进的态度，坚持创新，反对复制历史。因此，解构主义提倡新肌体与旧肌体的平等关系，热衷于创作具有个性的新肌体，提倡按照历史建筑自身系统的逻辑关系生成新建部分，拓展了人们对建筑的传统印象，也展示了建筑形象的多种可能性。

1989年蓝天设计小组（Coop Himmelblau）在维也纳Falkestrasse大街6号楼改造中，为这座披着优雅古典外衣的历史建筑增加了一个造型奇特的屋面，有人称之为"昆虫"。设计者拆除了大部分原有的坡屋顶，以金属构架和玻璃等现代材料创造了几何构成及其复杂的新形式，屋面下的阁楼明亮流畅，仿佛一个自由的浮游空间，提供了律师事务所的办公用途。

（4）极少主义表达

著名建筑师密斯·凡·德罗的名言"Less is more"（少就是多）可以说是极少主义的宣言。20 世纪 90 年代以后，极少主义的建筑艺术理念逐渐在欧洲成熟和发展，成为密斯式的纯净主义在现代社会的进一步发展。极少主义在创作形式上表现为纯净简约的几何形体，是一种返璞归真的设计倾向。极少主义的纯净构成离不开现代技术的依托，因而表现出强烈的时代性和高技倾向。在历史建筑修复设计中，由于极少主义的简洁构图与繁复的传统建筑形式形成鲜明的对比，因而整体的建筑形象极富视觉感染力和冲击力。1989 年落成的卢浮宫扩建一期工程中的玻璃金字塔可以说是极简主义的绝佳实例。

2000 年落成的伦敦泰特现代美术馆（Tate Gallery of Modern Art）也体现了极少主义的影响。在这个英国千禧年的标志项目中，赫尔佐格和德梅隆（Herzog & deMeron）仅在老发电厂的顶部加设了一个 2 层高的庞大玻璃盒子，也就是成为"光梁"（Light Beam）的部分，另外就是在这座老发电厂高耸的方形烟囱之上加了一道小小的光环。所有增加的部分非常简洁，无所附丽，甚至是建筑的室内部分也仍然保持了简单的空旷空间，整个改造显得单纯和宁静。

（5）后现代主义表达

后现代主义以其多样化、人性化的城市理念弥补了现代主义的缺陷，为历史环境的更新与再生起到了积极的推动作用。后现代主义理论主要体现为历史主义（Historicism）、文脉主义（Allusionism）和装饰主义（Ornamentation），在历史建筑修复设计方面，其更多的表现是直接模仿和文脉的隐喻。

博姆对萨布肯城堡的改建突出体现了后现代的复古倾向。由于历史建筑的主要部分难以修复，博姆于是采用新的玻璃与钢结构对其核心部位进行了重塑。尽管新建部分完全应用了当代材料与技术，但其外部形体却模拟了传统的"梦夏"式屋顶，形体组合也具象化了原城堡粗壮巍峨的美学特征，明显受到后现代思潮的影响。在里昂歌剧院（Lyon Opera House）的改扩建中，努维尔在老剧院的顶部增加了一个 6 层高的玻璃拱形屋顶。这个拱顶在形式上颇具古罗马建筑的穹顶的古典美学意味，是后现代文脉主义的鲜明体现。

1984 年，建筑师努维尔对法国贝尔福特市立剧院（Municipal Theater，Beifort）的改造，则体现了激进的后现代特征。该剧院原建于 19 世纪，在市政建设的需求压力之下，努维尔对沿河一侧的附属建筑进行了拆除和重建。历史建筑突出道路的部分被锯掉，缺口部分填充以新的玻璃幕墙，与老石墙形成了材料的时代的多层次对比。在被切掉的结构断面上，努维尔用蓝色油漆涂上类似建筑剖面图那样的斜向条纹，使建筑肌体的结构变迁清晰可辨，历史存在感戏剧化地被凸显出来。建筑的背立面也采用了同样的处理手法，将部分墙面斜向铲除。当然，这个案例代表了后现代主义比较极端的手法，同时混杂了解构和朋克美学特征。

5.2.4　场所精神的再生

场所精神是环境特征集中和概括化的体现。对历史建筑的保护和修复设计，不仅是对其构成物质元素进行保护和利用，更重要的是建筑文化精神的再生，也就是场所精神的重建。反过来，场所精神的再生最终仍然落实在建筑室内外具体的环境特征之上。历史建筑原来的空间、材料、立面、设备及装饰风格，以及外部环境特色暗示着其曾经的功能特色和时代风格，表达出鲜明的个性。通过必要的手段对历史建筑室内外整体环境进行更新与改善，通过适当地保留和合理地新建，为历史建筑的再循环利用注入历史及文化的延续性，加强空间及地段的可识别性，使生活在此的人们获得文化的认同和心理归属感。

（1）建筑界面的整体性表达

很多历史建筑集中分布在历史街巷之中，以街区或建筑群的形式出现，表现为相对连续且具有历史风格的建筑界面。街区的历史文化特征不仅仅在于街区中个别历史建筑物的历史文化价值，而更多地表现为若干历史建筑物之间良好的相互关系、细腻而独特的外部环境、构成建筑的外部形态，以及由此构成的场所特色和整体历史文化风貌。在这种情况下，每一座建筑物都对历史街区的品质做出贡献，与此同时，其他一些要素也起到了十分重要的作用，如街道的配置、屋顶轮廓线或标志建筑的位置等。这里所论的建筑界面主要是立足城市空间的角度，针对历史街区等历史建筑群的形式展开探讨。

城市的空间界面可分为硬质和软质两类。其中硬质界面构成了城市中的最主要的界面，主要包括我们通常所理解的界面：外立面和围墙等。而软质界面则包括城市空间内的各种设施。硬质界面既是城市整体的有机组成部分，又是在人们进入建筑内部空间之前兼具功能和美学意味的外部条件。在历史建筑的修复设计和历史街区的改造更新中，对硬质界面——主要是外立面的更新与保护，保持其相对完整性和可读性，在满足人们对城市形象的感知、城市文脉的延续以及市民的情感需求等方面，具有至关重要的作用。

从另一方面讲，城市空间和形态本身具有共时性和历时性两方面的意义：共时性启发我们从城市整体的角度看待问题；而历时性则让我们从混杂矛盾的现状背后看到城市的生成、成长、成熟和变异的过程，看到政治、经济、文化维度的机制如何促动城市形态的变化。关注城市空间中建筑界面的整体性，同样包含了时间的要素，主要是针对历史街区等建筑群在城市整体环境中的地位，以及二者与周围地段不断变化的相互关系，是立足城市发展层面对历史建筑修复设计中的形式表达问题所提出的相应策略。城市空间中的建筑界面保护不同于历史建筑单体的点状保护，而由一系列点而构成的历史环境的线或面的保护。保持相对完整的建筑界面，注重维持建筑的文脉和谐，对构建旧城的历史风貌区显得极具实效性。

历史街区等建筑群的建筑界面通常具有可以识别的一致性或同质性，这主要是由于临近的建筑群通常具有相对集中的建设期，具有类似或互补的功能要求，同样受到当时技术的制约和审美倾向的影响，因而采用了相似的建造方法、材料或建筑风格，表现出鲜明的界面特征。建筑界面的特征主要体现在三个方面：一是界面的质感，主要包括建筑材料、风格、立面的比例和细部装饰等；二是界面的平面轮廓，主要指历史建筑的外立面对街道所形成的或虚或实、或开放或紧密、或整齐有序、或凹凸有致的空间围合关系；三是界面的立面轮廓线，也就是建筑的天际线，主要受建筑界面的高度和尺度影响，决定了建筑界面的总体比例特征和街道的空间感觉。延续历史街区的界面特征，主要从以上三个方面入手。

需要注意的是，建筑界面特征的延续并不是对传统过于表面化的复制。刘易斯·芒福德在《城市文化》一书中指出，"仅仅重复过去的某一特点会形成乏味的将来"。因为对街区界面特征的直接模仿，有时会削弱和淡化其真实部分的可读性，而且如果复制品的品质不佳，只能使人在歪曲的文脉中欣赏和理解真实，因而对历史文脉造成更大的损害。

由于历史街区发展的历时性特点，其建筑界面经常表现为不同时代建筑的并置以及界面边沿的叠加与拼贴，这也就需要研究新要素应该如何介入历史环境的问题。应该说，新旧并置是历史建筑群生长与发展的必然结果，正如罗杰斯所说，和谐的秩序来源于"不同时代建筑的并置，其中每一个都是自身时代的表达"。新旧建筑并置就是通过新旧之间的反复对话，将传统与现代糅合在一起，新从旧中汲取营养，旧则从新中重获生机。新要素的介入包括建筑的改建、新建和公共空间的整治等，其核心是充分考虑与周围历史环境的关系，以维护环境文脉与场所特征为最终目标。

新要素介入的原则主要体现在以下几个方面：其一，注重体量的协调性，包括建筑的退让、进深、最大限高以及屋顶的体量；其二，注重相邻地块环境特色的协调性，主要是指沿街立面的色彩、序列、节奏和划分；其三，注意保持空间序列的完整性和界面的连续性，创造多样性空间；其四，重视界面质感特征的提炼，包括符号、材料、色彩、细部等，并加以创造性的运用。

（2）场景再现

场景再现一般是对历史建筑既存的构件、设施、装饰材料等建筑的特征元素进行取舍并适当地保留，通过历史场景的再现，将历史建筑曾经的作用和地位展现出来，并重新加以诠释。场景再现是目前历史建筑修复设计中常用的场所精神再生策略。场景再现的重点是适当的保留，具体有以下几种手法：

1）建筑表皮保存

建筑表皮是城市空间界面的基本组成部分。这里所说的建筑表皮，主要是针对历史建筑个体而言的外围护结构，也就是通常说的外立面。建筑表皮包括两个层面的内容，一是围护结构的外部表层的形式，另外则是围护结构自身的结构。

建筑表皮的保存主要是指仅对历史建筑的外围护结构进行保留，而对其内部空间进行颠覆性的彻底更新。表皮保存的先决条件和理论依据在于表皮的独立性，这体现在两个层面：在建筑技术层面，19 世纪晚期兴起的框架结构使建筑表皮从承重的功能中解放出来，获得了独立表达的可能性；在建筑文化层面，现代主义的"功能决定形式"理论不断受到质疑，建筑表皮作为建筑物质形式的一部分，已经从单纯的围合空间、遮蔽结构的从属位置转变为具有文化价值和象征意义的载体，与满足功能要求的空间具有同等重要的地位。在当代建筑中，建筑表皮不仅已经成为建筑中备受关注的要素，而且越来越显示出独立价值。建筑表皮不再是对其他事物的再现，而是专注于自身表达，因而当代建筑呈现出极端丰富的景观，更颠覆了现代主义建筑中空间与功能的核心地位，改变了建筑形式与表皮一直以来的从属、次要地位。应该说，从对"功能与空间"的关注转向对"建筑表皮"的关注标志着当代社会建筑价值的根本转变，即：从单纯的物质使用价值转向包括文化、情感等方面的多元价值。建筑表皮中所包含的符号、特征与影像等信息已经成为场所精神的重要载体，并成为消费社会建筑生产的一个重要领域。

丹麦寇丁赫斯（Koldinghus）城堡的改造则体现了现代技术与建筑表皮保存的完美结合。老城堡始建于中世纪，历史的久远以及一个多世纪的荒弃，使历史建筑的古老肌体残破不堪，几近坍塌。建筑师英格和埃克斯纳通过对历史建筑的重新改造利用，终于在 20 世纪为其奠定了新的用途。城堡的大部分结构外墙被加固和保留下来，那些接近坍塌的残缺部分则采用全新钢木结构的墙体进行了封闭。建筑内部加入一组与旧建筑构件完全脱离的异形柱，以支撑失去稳定性的砖墙和坡屋顶。新加入的巨大异形柱由多片层压木柱叠合而成，端部则采用铸铁构件形成活动铰接支点以便于调整位置和受力，顶部则如花朵般优美地展开，其轻巧的感觉与厚重的墙体形成鲜明的对比，表现出令人震撼的高技特色。

从寇丁赫斯城堡的再利用实践可以看出，在历史建筑修复设计的过程中，表皮保存通常都是一种被动的形式策略，通常应用于历史建筑外部形式保存尚好，但内部破损严重、结构失衡或者完全无法满足功能改造的情况。另外，建筑表皮的保存还有一种极端的做法，就是仅保留建筑的主立面，而其他部分则全部拆除重建。澳门的"大三巴"是仅保存相对完整的山墙面而不进行任何重建的实例，具有表皮保存的典型意义。在历史街区的改造中，表皮保存也占了相当的比重，其对于构建统一连续的街道景观意义重大。对历史建筑来说，表皮保存通常会将建筑肌体上的岁月痕迹一并保留下来。在德国新国会大厦的改造中，19世纪砖石建筑的残迹，苏联占领时墙上的涂写，以及20世纪50年代留下的印迹，都相邻着被暴露出来，从而全方位地保留了这一纪念性建筑的历史信息。创意产业的空间改造同样热衷于将岁月的痕迹完整保留，以突出时间的烙印和建筑的历时性。

2）构件设备雕塑化

雕塑对于建筑空间的影响是显而易见的，往往成为空间或环境中的点睛之笔。在优秀的建筑创作中，雕塑的选择往往与建筑之间存在着某种必然联系，而这种联系通常具备其存在的逻辑性。对于历史建筑修复设计来说，如何突出其历史特性是设计的重点之一，通过适当保留老建筑本身具备的机械设备、构件设施等，通过这些实物的继续存在，构成对过去的历史和文化最直观的现实感受。从这一初衷出发，对历史建筑构件设备的雕塑化处理，成为历史场景再现的最简单常用的方法。在著名的伦敦泰特现代美术馆的中庭中，就保留了相当多的工业建筑遗留设备。当然，在这一过程中，设计师需要注意突出重点和对整体性的把握，以获得丰富而具有文化内涵的空间。

1999年落成的卡尔斯鲁厄艺术及媒体技术中心由一座老兵工厂改造而成，施威格尔在对其进行室内外的改造整治的同时，保留了一些老兵工厂原有的机械设备，这些设备曾经具有实用性，富有工业特征的机械美感，现在则作为主题雕塑被摆放在展览区，成为室内空间具有兼具历史意义和装饰意义的视觉焦点。

3）特色元素再利用

特色元素再利用是指对历史建筑室内外具有历史意义或场所特色的物质及空间元素重新设计并且赋予新的功能，如对工业建筑的设备机械、室外运输轨道、构筑物、建筑构件等进行展示性再利用，对特色自然或人为空间进行功能性再利用等。

马萨诸塞州水资源部是由一座废弃的下水道泵站改造而成的具有接待和训练功能的现代化综合体。修复后的泵站及其生产流水线不仅作为机械时代的标志保留下来，而且仍然用作水资源部的员工训练中心，通过一间小会议室可以刚好俯瞰这些设备的全景。泵站及其生产流水线的保留既彰显了工业建筑的往昔，同时也激发了新兴的工业旅游产业。

1997年，福斯特将德国埃森（Essen）建于1932年的煤矿厂厂房改建成德国设计中心（German Design Center）。再利用改造中，原有的动力厂房被作为研究工业历史的珍贵文物，在不破坏建筑结构的前提下连同一座大锅炉被完整保留下来，成为那个时代技术的见证。另外，福斯特还保留了许多已经锈蚀的机械设备、管道和构件，如漆成褐色和红色的外露的工字钢梁等，使这个展示先进工业产品的设计中心表现出强烈对比的复杂性格，现代的精致唯美与历史的悠久沧桑在同一场景中和谐共存。

4）地标性保存

场景再现还有一种表现形式，就是对历史建筑外立面特征物的保存，这些外立面的特征物通常具有特殊的体型和尺度，且往往都是该地段的地标，因此又可称为"地标性保存"。如工业建筑中高耸的烟囱与圆塔、教堂建筑高耸的尖塔等等。

1997 年，巴尔的摩内港建于 1900~1909 年的老发电厂完成了它最新的改造，变身为一座庞大的商业娱乐建筑。发电厂原有的红砖厂房和高耸的烟囱被保留下来，从码头看过来，该地段仍保持了原有的地标特征。而在室内，烟囱被饰以金属板材和玻璃等现代材料，成为塑造室内空间的积极因素。

（3）场所暗示

场所暗示不同于场景再现。前者主要是对建筑内外自身的特征元素进行保留，而后者更多的是一种模拟性的再创造，表达了对历史建筑场所精神的追忆和隐喻。场所暗示可以体现在历史建筑自身及外部环境两个方面，前者主要包括建筑的外部形式组成、风格、构成特点、特色装饰等，后者主要指环境特征，例如场地环境本身的位置、形状、坡度、绿化、设备、小品等物质因素。

1）通过建筑主体进行暗示

斯特林是后现代主义的代表人物，他的很多历史建筑修复设计作品，都以隐喻的手法进行了场所暗示。1988 年，斯特林将利物浦阿尔伯特码头一处近 12000m² 的老仓库改造为泰特美术馆利物浦分馆（Tate Gallery，Liverpool），改造采用了温和的后现代手法，对老建筑曾经的历史进行了暗示和隐喻。仓库底层柱廊的铸铁柱被漆成了鲜艳的红色，柱间以类似船舷的铁索连接；柱廊内充斥着色彩艳丽的粗大字符，让人联想到码头上常见的停船线标记。首层入口处的砖石墙面被全部拆除，一部分换成了蓝色窗框的大玻璃，另一部分则是开了小圆窗的蓝色钢板，上部高悬着鲜艳的红色标志，仿佛是一条停泊在岸边的大船。在首层局部拆除楼板而构建的入口大厅里，新建的夹层则是漆上了鲜艳的蓝色、红色和橙色波浪形，而且同样开了许多类似船舶舷窗的小圆洞。总之，众多的建筑元素都以海洋、码头和航船为主题，以充满工业特征与大众美学意味的现代材料和技术，含蓄地模拟和再现了这一码头仓库的场所精神。

除了直接的模拟，还有一种隐性的历史再现手法。由林·芬恩·盖佩尔和茱莉亚·安迪建筑事务所（LIN Finn Geipel&Giulia Andi）设计的法国圣纳泽尔（Saint-Nazaire）文化中心是由一座建于 20 世纪 40 年代的潜艇掩体改造而成的。战争期间，圣纳泽尔市 85% 被破坏，但这个表面积达 37000m² 的厚实坚固的建筑只受了很小的损伤。建筑长近 300m，宽 130m，高达 19m，是一座巨大的混凝土建筑，其历史对所在的城市影响很大。所有的改造都隐藏在这个巨型混凝土块之下，在外部，一个新增的 9m 高的半透明穹顶为略显沉闷的环境注入了新的活力。这个穹顶其实并非新建，而是 80 年代在柏林腾伯尔霍夫（Tempelhof）机场的雷达系统的一部分，主要用于对欧洲东北部空域进行监视，2004 年它逃脱了被拆毁的命运，而被建筑师应用到这次改造中。在该项目中，作为冷战遗物的德国穹顶成为法国古老潜艇掩体的新标志，历史在不同的层面获得一种密切而随意的联系，历史场景得以提示和再现。

2）通过室外环境进行暗示

一般来说，旧建筑的衰败与废弃总是伴随着建筑外部环境质量的恶化，而且二者之间相互影响。因此建筑再循环必须重视建筑外部环境的更新与改善，充分利用建筑以及周围邻近区域的历史人文因素等，创造既方便舒适又富有历史特色和隐喻场所精神的外部环境，加强建筑空间的可识别性，体现建筑主体改造后的文化价值、经济价值和生态价值。

美国加利福尼亚州的尤尼雷尔轮胎橡胶厂 1978 年被关闭，1986 年改造为商业城。公共广场采用灰色和红色的混凝土砖拼成格子形状，上面种植了 250 株棕榈树，树的根部套在白色的轮胎状混凝土花坛中，暗示了该地区历史上的场所特点。

5.3 施 工 阶 段

施工阶段包括三部分内容：

1）施工准备：拟定施工表格，确定各工种的种类与数量；

2）施工协作：明确各工种的费用和施工范围；

3）施工管理：监督与管理施工的过程。

5.4 资料汇编与归档

每幢历史建筑都是一本书，记载着人们的生活和记忆，见证着历史的兴衰和起伏。由于每幢历史建筑和每个历史保护区的状况大相径庭，因而必须进行相关的历史调研和资料汇编工作。也只有以翔实的历史调研和资料汇编为基础进行设计与施工，历史建筑的文脉才能得到尊重、维护和延续。

历史建筑的资料汇编与归档主要分为两个阶段，一是前期调研阶段，二是中期设计与后期施工阶段，它是对前期调研工作成果的完善和补充（详见表 5-6）。

历史建筑的资料汇编与归档　　　　　　　　　　表 5-6

序号	工作内容	工作阶段	
		前期调研阶段	中期设计与后期施工阶段
1	优秀历史建筑概述	√	
2	对资料汇编工作的简要介绍	√	
3	现有资料列表	√	
4	照片汇编	√	
5	图纸汇编	√	
6	室内汇编与说明	√	
7	阶段性成果报告	√	
8	在设计和施工过程中对上述 4～6 点的完善和补充		√
9	最终成果报告		√

本章思考题

1. 前期调研的主要内容及重要性是什么？
2. 历史调研的内容及方法有哪些？
3. "检测节点"的类型及方法有哪些？
4. 历史建筑修复设计的原则是什么？
5. 历史建筑保护和修复的类别有哪些？
6. 分析庆王府的修复设计。

第6章　历史建筑保护修复的实例分析

【学习要求】

本章主要介绍了国际及国内历史建筑保护修复的实例，通过实例加深对前 5 章知识的理解，并了解国际、国内目前历史建筑保护修复的现状。

【知识延伸】

参观静园并了解其保护和修复设计。

注：扫码可看本章部分彩图。

6.1　国际历史建筑保护修复实例分析

6.1.1　大英博物馆

大英博物馆创建于 18 世纪考古风潮之中，现有的建筑乃是兴建于新古典主义盛行的 1820 年代，庄严的希腊神庙门面欢迎了近两世纪的访客。尽管馆中藏品大部分并非英国本土之物，但因收藏丰富，使对于古文明有兴趣的人络绎不绝前来参观。所有展品之中，埃及、希腊、西亚与中国之展品是其中最吸引人的部分，而来自于这些地区的民众在参观之际也常触发几许伤感与羡慕，为何自己母国之宝物要流落于他乡。难怪希腊这几年会积极发动所谓的"帕特农大理石回归计划"，希望借由民意与舆论争回失去的宝物。不管这种国家之间的文化争夺战是否会有结果，大英博物馆作为 19 世纪初到 20 世纪 80 年代全世界最重要的文化教育推广中心的角色却一直未曾改变。

20 世纪 80 年代起，世界许多著名老博物馆纷纷进行改造，以满足当代之需求。也许是英国人的保守，大英博物馆起初是按兵不动。等到罗浮宫的金字塔计划完成，成为世界注目的焦点后，大英博物馆不得不认真思考它老旧的馆舍、迂回的参观动线及无法引人驻足的附属设施，是否能满足 21 世纪的博物馆需求。这一连串的问题与困境，最后终于在"大中庭（The Great Court）"计划中迎刃而解。

1994 年，大英博物馆公开向世界一百多家建筑师事务所征求方案，以便得以洗刷被讥为嘈杂菜市场般展览馆的恶名，最后由英国著名的佛斯特建筑师事务所（Norman Foster）以大中庭计划取得设计权。这个计划的概念十分简单，其中最巧妙之处乃是将原来口字形展览室与位于其中央的圆图书馆之间无用的户外空间以一个超大型的玻璃屋顶加以覆盖形成一个全新的大厅，中央图书馆底层则略为扩张增设书店，并以一对螺旋梯沿着圆周将人引导至圆形空间顶部的餐厅，由此更有一座透明的天桥，神来之笔般地穿入北翼展览室的古典山墙中。

大中庭在 2000 年底重新开幕，一夕之间，被遗忘多年的户外空间转化而成有如明亮珍珠般的大厅，原来必须环绕口字形空间的参观动线因为大中庭的出现而缩短，人们可由大厅很快地到达想去的展览室。于每一翼参观的人与大中庭都保持着亲密的关系，更重要的是大中庭成为一个公共空间，它欢迎所有的人，即便是不要参观博物馆的人，也可以随时进入，透过大玻璃屋顶内欣赏伦敦阴晴昼夜的时空变化。重新蜕变的老博物馆，因为这一个令人赞叹的大中庭，带来了生命与活力。新旧辨证与老建筑再生之真谛，在大英博物馆大中庭中获得了实践（图 6-1～图 6-4）。

图 6-1　大英博物馆玻璃中庭（一）

图 6-2　大英博物馆玻璃中庭（二）

图 6-3　大英博物馆玻璃中庭（三）

图 6-4　大英博物馆玻璃中庭（四）

6.1.2　罗马竞技场

罗马竞技场（Colosseum，72-80）原名叫芙拉维剧场（Flavian Amphitheater），始建于公元 72 年，完成开幕于 80 年，由提塔斯（Titus）大帝宣布开幕，当时举行百天之大典，据说死了九千头猛兽及两千个武士。竞技场是一个完全独立之建筑物，长 188m，宽 156m，位于罗马城广场东面三面山丘之凹处，可以容纳五万人，观众可由阶梯到达倾斜 37°的石座椅。竞技场的中央地板现已不见，但可看到数以百计之地下房间，以前是作为关野兽及人员休息之处。其雄壮之外观是由石灰石构成，由铁件加强，有 3 层拱券，分别有八十个拱券，以半圆柱及方柱作边。第一层为塔斯干柱式，为罗马人对于多立克之另一种诠释。第二层为爱奥尼克柱式，第三层为科林斯柱式。三层拱券之上还有一层阁楼，外壁不是拱券，只开小方窗，而两侧为科林斯方形壁柱，在这一层上亦有一圈支撑屋顶顶篷之桅杆。剧场中央长轴方向有两个门，位于东南面的为"葬神之门"，即为在搏斗中死掉之人兽出口。

然而自从文艺复兴时期，罗马竞技场被教宗下令保护之后，它就一直以遗迹的面貌出现，甚至是20世纪战后观光事业发达之后，这种景象依旧。对于许多到罗马竞技场参观的人，他们总是被安排在残破的观众席中走动，而竞技场中除了建筑躯壳之外，什么也没有。于是有人就提出质疑，为什么不重建中央地板，让参观者可以身处竞技场的中央，体会竞技当时的氛围。在几经考虑之后，意大利主管古迹方面的单位决定从善如流，在椭圆形中央地板之东侧，以钢材等新材料重建了一小部分的楼板，并且由一座桥横跨整个中央地区。于是参观者可以自由地"进入"竞技场，而不是像以前只能在周围的观众席上俯视竞技场。而新建材之采用又可让人清楚地看出其为近日增建之作，不会混淆原有的历史性。

除了中央楼板之外，罗马竞技场也同时于残迹中增设一部透明电梯，一家书局及举办了大型古罗马文化展览。电梯、书局及展览也都是处理以新材料及新空间形式。罗马竞技场在沉睡了2000年之后，终于在21世纪来临之际，因为"新"设计的介入而活化了"旧"的躯壳（图6-5～图6-7）。

图6-5 罗马竞技场（一）

图6-6 罗马竞技场（二）

6.1.3 澳门圣保罗教堂（大三巴）博物馆

澳门圣保罗教堂始建于1582年，但却因为大火而毁。1640年，教堂重建，但是1835年又再度毁于大火，只剩正立面的墙面。一百多年来，澳门圣保罗教堂就以一片高大的正立面形成当地的地标。不过到了20世纪末，许多人开始担心这片孤立的高墙是不是会有结构上安全的顾虑。于是澳门圣保罗教堂进行了再利用计划，1990年开始设计，1996年全部完成。

负责设计的是著名的葡萄牙建筑师文森（Manuel Vincente）与盖拉卡（Joao Luis Carrilho da Graca）。建筑师在原有正立面背后加上了一个新的钢结构，一方面作为原有墙面的结构补墙，另一方面也借此创造一个可以登高远望的观景平台，而到达此观景平台的路径则是一座粗犷的混凝土楼梯。在

图6-7 罗马竞技场（三）

整个再利用计划中，钢材、石材与钢筋混凝土三种材料交互使用，但各自的特性都非常强烈。位于原教堂末端圣坛处的博物馆，则是此次再利用计划所新增的设施，隐藏于半地下之中。建筑师巧妙地结合出土的遗构、新添加的空间，在经过安排的光线下，突显了其历史性。在原教堂左侧的遗构也以钢材格子加上玻璃处理成一格格的展示区，与全区的格子系统成为一个整体。澳门圣保罗教堂附近本来就有传统粤式风格的建筑，加上原教堂西洋风格与再利用后的现代风格，整个地区在再利用后都市文化脉络更加的丰富（图 6-8～图 6-10）。

图 6-8　澳门圣保罗教堂博物馆（一）

图 6-9　澳门圣保罗教堂博物馆（二）

图 6-10　澳门圣保罗教堂博物馆（三）

6.1.4　京都东本愿寺

京都有东西两大本愿寺，二者本为一体。庆长七年（1602 年），幕府将军德川家康因认为本愿寺的势力日益庞大，对他将是一个威胁，于是在本愿寺（今西本愿寺）之东面建一座新的本愿寺，即为现今之东本愿寺。在江户时期，寺院曾遭大火，明治时期又重建，山门、金堂、御影堂及阿弥陀堂都是日本重要的文化资产。

20世纪90年代，东本愿寺深感缺乏一个可以供较多人聚会的室内讲堂，也缺乏一个可以展示寺院历史及文物的场所，于是痛下决心将寺院左侧的部分房舍拆除，改建为一个地下讲堂及展示空间。建筑师高松伸的基本态度是如果因为腹地不够于地上兴建新建筑，往地下发展是一个必要的过程。隐藏于地下的大体量，对于原有寺院基本上不会有太大的冲击，而部分新建筑与旧建筑相接的部分，则是以较为透明或中性的材料。长久以来，京都许多历史悠久的寺院都有发展受到限制的困境，身为国宝的东本愿寺在面对历史态度上的转变，对不少寺院都会成为一种启发（图6-11、图6-12）。

图6-11　京都东本愿寺鸟瞰

图6-12　京都东本愿寺

6.2　我国历史建筑保护修复实例分析

6.2.1　故宫历史建筑的保护与维修

6.2.1.1　工作背景

北京故宫位于北京市中心，旧称紫禁城，是明、清两代的皇宫，是世界现存最大、最完整的古建筑群。它于1961年成为我国国家级重点文物保护单位，1988年被联合国教科文组织列为"世界文化遗产"，现辟为"故宫博物院"对外开放。

整个故宫建筑群占地面积约73万m²，总建筑面积16万m²，有大小院落90多座，房屋980座，共计8707间。故宫可以分为"外朝"与"内廷"两大部分，主要建筑有太和殿、中和殿、保和殿、午门、文渊阁等。这些建筑体现了明代或清代各个时间段的官式做法特点，也代表了当时中国木结构建筑的最高艺术成就和技术水平，是今天研究明清时期建筑历史的珍贵宝库。

故宫极为突出的历史价值、艺术价值和科学价值，使其一直是中国历史建筑保护工作的重点关注对象。明清时期完全实用主义的修葺、改建、复建活动姑且不提，民国时期建立起近代文物概念之后，曾先后对角楼、各城楼、文渊阁等建筑进行了修缮，新中国成立后更是建立了比较稳定的岁修制度。在20世纪50年代曾经制定过故宫大修的计划，但因为种种原因没有施行。2002年3月国务院在故宫博物院召开会议，决定对故宫进行全面维修，根据初步规划，整个大修工作将持续到2020年，预计每年投资1亿元人民币，通过维修，故宫要恢复到康乾盛世风貌。这次维修范围之广、规模之大、时间之长、投入之大都是自 1911 年辛亥革命以来从未有过的，因而俗称"百年大修"或"故宫大修"。

此次大修共分三个时期。2002～2008 年，主要对现在已经开放的中轴线和东西六宫的建筑进行保护修缮，并调整、充实其展示内容和环境，提升这些传统开放区域的质量。二期从 2009～2014 年，三期由 2015～2020，通过这两期的保护，力争将故宫可开放区域扩展至 70%，并对办公管理用房的位置进行调整，将若干具有重要价值的院落腾退开放。

故宫保护维修工程遵循中国文物保护法关于文物保护维修"不改变文物原状"的总原则，维修要完成五方面的任务：

1）保护故宫整体布局，彻底整治故宫内外环境；

2）保护故宫的文物建筑；

3）系统改善和配置基础设施；

4）合理安排文物建筑利用功能；

5）提高展陈艺术品位与改善文物展陈及保存环境；

2002～2003 年中国建筑设计研究院建筑历史研究所和故宫博物院合作编制了《故宫保护总体规划大纲（2003～2020）》，对整个故宫的价值、特征、现状、主要病害情况、管理对保护工作的正面和负面影响、展示开放的情况等进行了评估和分析，对大修工作进行了总体规划，确定故宫大修要依照《中国文物古迹保护准则》的理念和工作程序指导工作，制定了对故宫进行整体的、科学的保护目标，提出以故宫古建施工队伍为基础，广泛地联合国内各家有实力的研究、设计、施工单位，以及国外的保护基金会和保护机构。

目前第一期的工程基本完成，最开始进行的是武英殿的保护修缮，它成为整个故宫大修的试点，尝试着增加各种科学性的检测和保护手段，取得了良好的效果。此后其经验开始推广，中轴线的三大殿、东西六宫等主要建筑一一得到修缮。主要的工作方式按照测绘—残损勘察—修缮设计—施工—验收这一传统的程序进行，尝试引入新型测绘技术、专业化的残损勘察手段，加入有针对性的材料实验工作和材料保护工作。

故宫大修中除了对木结构建筑的修缮外，还有多种类型的保护，比如故宫午门展厅的建设、倦勤斋室内木装修的保护等，这里对这些其他类型的项目暂不关注，而只讨论木结构的保护案例。

6.2.1.2　以基础信息数据库为支撑的历史研究

尽管故宫总体的历史是明确的，但是各建筑在微观上的历史也是需要深入研究和剖析的，因为明代和清代的大木构架、工艺做法、艺术风格决定了所需施加的保护措施、干预等级可能不同，不同级别的价值直接决定了对遗存构件保留还是更换等的差别。可以说，历史研究是整个大修工作的基础。为了能够更好地促进历史研究，方便保护工作者的工作，故宫博物院建立了"故宫博物院资源检索系统"、"古代建筑数据库系统"等，将所藏的大量清代文档电子化，分门别类入库，供研究者和管理者查询使用，并将与历史建筑有关的文档跟实物照片、测绘图纸建立关联，使全博物院的基础资料成为一个条理清晰的开放系统，当研究者需要调用与某座建筑有关的信息时，可以方便快捷地获得所有已经掌握和整理的资料，进行关联性研究，大幅度提升研究的全面性、准确性和工作效率。

6.2.1.3　多种手段相结合的测绘

故宫大修的测绘工作以传统手工测绘为主，部分项目尝试了新型测绘手段。

故宫的手工测绘要求为尽量展现现状的精确测绘，对于现状的变形情况、残损情况要真实记录。因为测绘量过大，故宫第一次接受外部古建队伍的测绘配合，如各高校的建筑历史专业的师生、各古建设计单位等，其中尤以前者最喜欢进行法式测绘，因而对其测绘的深度控制成为重点。在这些手工测绘中，也引入了诸如水平仪、经纬度仪等设备对重要的特征点进行整体控制，比如吻兽的最高点、角梁下皮、柱根、台明拐点等，避免手工测量的累积误差过大。各测绘人员还充分发挥聪明才智，根据实际工作的需要，使用水平尺、钢尺和自制的简易工具，发明了很多有效的手工测量的方法，并取得了良好的效果。

6.2.1.4 专业人员进行的残损勘察

传统的保护修缮工作中的残损勘察一般依据建筑师或古建工程师的个人经验进行判断。在故宫大修中尽量做到多学科专业化判断，尤其在木材勘察方面，与中国林业科学院木材研究所进行紧密合作，取得了突出成果。

以武英殿为例，对其木构件的残损勘察报告包括如下内容：

1）树种；

2）腐朽：种类、部位、范围及等级判定。必要时做腐朽菌的分离培养；

3）虫蛀：种类、部位、范围及程度判定。发现虫体时做害虫种类鉴定；

4）开裂、断裂或劈裂：程度、部位、原因及对结构影响的分析；

5）其他：环境、化学、物理等原因造成的侵害的部位、程度、原因的分析。

为了完成这些勘察内容，使用了生长锥、阻力仪等微损检测设备，并且积累了若干专门针对历史建筑木材情况的使用经验，比如针对半埋在墙内的木柱应如何检测、遇到金属件时如何处理、阻力波形与木材残损情况定量分析的可能性等。

对木材的各类残损的检测与判断，可以为制定修缮方案提供直接的依据。在传统的保护工作中，一些外观看起来良好的构件砍掉地仗后才能发现内部的糟朽情况，而新型的微损或无损检测技术提供了解决这种问题的一种可能。但并不是说新型检测技术就是万能的，实际上这些检测技术都是点状采集手段，目前的技术水平使得完全搞清一根木柱、一根木梁的残损情况都要测好多点，且需要多种技术手段并用以互相校正，因此基本上不可能对一栋建筑的每个构件都完全检测清楚，所以施工中发现新残损的问题目前还无法完全避免。

6.2.1.5 传统与现代相结合的修缮设计与工艺研究

故宫大修的修缮设计所采用的保护方式基本是原材料、原工艺、原做法。对于木结构基本为打牮拨正、归安、剔补、更换与补配、落架或局部落架等，对屋面以重新宽瓦为主，对彩画则除了使用传统的除尘、补配、随色、修补、复制、复原等方式外，还使用了软化回贴、揭取另存、表面封护等新的保护手法。

6.2.1.6 施工

在施工中，对于每一个拆卸下来的构件都进行唯一编号，详细记录下其原始位置，无论是原物归安还是予以替换都回归原位。对于补配的构件都尽量使用原材料原工艺，且在隐蔽处做好标志，证明更换日期，以便日后再次进行保护修缮时能够准确掌握真实性信息。整个施工中对于非传统的材料和方法的使用是慎重的，都经过前期试验和研究证明是最有效的，且对文物古迹是无害的，才可以使用。木结构方面，根据现代建筑材料规范和历史建筑保护的实际需要进行了化学防腐处理，根据现场情况一般采用涂刷法。琉璃瓦表面涂刷防风化材料。外檐彩画表面喷涂防紫外线材料，这种封护材料是 20 世纪 80 年代由故宫和化工部涂料研究所共同研制的，具有可逆性和耐久性，且不易变色，已为故宫内的实践所检验。

施工中的每一步都有详细的记录，并进入信息数据库中归档。

6.2.1.7　验收与日常养护

故宫的验收工作曾经设想使用三维激光扫描仪对保护修缮后的建筑进行扫描，将结果与修缮前的扫描结果相对比，以判断是否改变了历史原貌。但因为三维扫描点云后期处理工作量较大，不能方便快捷地得到结论，因而未能实现。最后的验收仍然以传统的保护工程验收模式进行。

故宫的日常养护一直具有制度化、规范化的特点，是运作良好的典型，此次大修之后的养护仍然延续了一贯的优良传统，不需细说。

总体来说，故宫集中了中国最顶尖的传统保护修缮技术力量，又拥有充足的资金和政策支持，能够获得国内的和国际的科技保护技术力量支持，因而故宫的大修工作无论在传统保护模式上还是多学科新式保护模式上都体现了较高水准，可以视为中国目前保护工作的典型代表之一。它得天独厚的条件体现了很多自己的特点，但是更多的体现了中国木结构历史建筑在新的保护工作形势下的共性特点。

6.2.2　苏州平江路 31 号"筑园"

平江路 31 号原为张氏族人的旧居，现存建筑主体为晚清风格。同治年间，张氏后人修葺了太平天国战争中遭到严重破坏的张氏旧居并加以扩建，至光绪初年，张氏旧居已有前后四进，颇为大观。而后又陆续增建了德芬堂、眉寿堂与张氏家祠等建筑。

新中国成立后，张氏旧居逐渐变为多户不同姓氏人家混居的局面。产权结构的混乱、房屋改建的随意加上建筑的自然衰败，致使在 2003 年平江路综合改造工程开始前，原有四进院落的张氏旧居主体部分仅余一进，建于民国年间的张氏家祠也是破败不堪，而得芬堂与眉寿堂更已是踪影难觅（图 6-13、图 6-14）。

图 6-13　平江路 31 号修复前状况（一）　　　　图 6-14　平江路 31 号修复前状况（二）

2003 年由苏州市政府主导的街区改造对平江路 31 号（即张氏旧居主体部分）进行的建筑更新在总体上恢复了旧居主体部分的内部格局，也还原了张氏旧居的外观风貌。但是，由于其从属于平江历史街区综合改造工程的一部分，故从建筑外观到技术材料都较为简陋而模式化，只能算是对建筑进行了基本的整饬，并没有给建筑注入真正新鲜的血液。

2007 年 4 月，上海中房建筑设计院着手对平江路 31 号进行了新一轮的建筑改造与更新。这次改造目的是将平江路 31 号更新成为一家集休闲、住宿、会所等多种功能为一体的建筑，并取名为"筑园会馆"。下面详细介绍其修复设计的过程。

（1）确定建筑及其构件的价值

平江路31号的主体结构分为三部分：

第一部分，一层的前厅（Ⅰ1.5），连着两个小天井（O6、O8）；

第二部分，一层的正厅部分，包括正厅（Ⅰ1.7）、两个侧厅（Ⅰ1.6、Ⅰ1.8）与后厅（Ⅰ1.1），连着一个内院（O7），两个小天井（O2、O3）和一条火巷（O1）；

第三部分，二层楼的侧翼，设计简单，每层包括三间大小均等的房间（Ⅰ1.2、Ⅰ1.3、Ⅰ1.4，以及Ⅰ2.1、Ⅰ2.2、Ⅰ2.3），连着一大一小相连的两个庭院（O4、O5），参见图6-15。

接下来，逐一评判平江路31号三个主体部分的价值，参见表6-1。

平江路31号三个主体部分的价值评判　　　　　　　　　　　　　表6-1

部分	价值评判
第一部分	前厅重建于2003-2004年，是平江历史街区保护整治一期工程的成果。需要指出的是，这次重建已经在较大程度上改变了建筑外观及其特征，建筑中新添加的部分无论是外观或是技术都过于简陋，严重影响了历史建筑的特征与品质。然而这已是平江路31号建筑历史的一部分，我们必须坦然接受并妥善利用。
第二部分	正厅部分建于20世纪初。一个世纪以来，正厅（Ⅰ1.7）与两个侧厅（Ⅰ1.6、Ⅰ1.8）几乎未曾改变，虽然经过几次修缮，但仍维持着初建时的原貌，具有较高的历史价值，其中值得保护的构件包括：屋顶、木结构、木雕、两侧的门头、空间的高度变化等。 正厅与侧厅中的大部分门窗重建于2003-2004年，采用了从其他建筑中拆得的木料，表面进行了"做旧"处理，外观显得较为随意，保温性能不佳。由于现在的平江路31号只是原先张宅西面的一部分，在平江历史街区保护整治一期工程中张宅被一分为二，因此划分出来的后厅（Ⅰ1.1）与两个小天井（O2、O3）显得有些突兀，品质不高。内院（O7）是整栋建筑的核心，其中的老门头更是点睛之笔，具有较高的价值。火巷（O1）的空间形态具有保护价值。
第三部分	与正厅部分相同，也建于20世纪初。但由于后期改建频繁，遗留下来的建筑品质不高。墙体厚度不一，二楼的墙体厚度仅11cm，但是屋顶保存完好，值得保护。庭院（O4、O5）的空间形态与空斗墙具有较高的保护价值。

评判了三个主体结构部分的价值以后，提出以下建议：

1）用高品质门窗替换2003/2004年更新的那些门窗；

2）保存外部形态与颜色（包括内院）；

3）原样保存并修复以下建筑构件：老门头、柱与木结构、正厅（Ⅰ1.7）南墙和北墙上的门头、正厅（Ⅰ1.7）东墙上原有的门（Ⅰ1.1Dd1-Ⅰ1.1Dd9）、侧翼内的木质分隔墙（特别是通往楼梯间的门）；

4）保持门廊与生活区高度的差别，保持室内空间的高度；

5）保存天花板、木结构、原有的墙体与屋顶；

6）按照现状和现有的材质来修复墙体及抹灰；

7）在地面、屋顶、侧翼一楼南墙与西墙的外侧增建保温设施，现存的砖墙则不必添加保温设施；

8）检测内院的排水系统，如有可能则加以改善。

（2）确定保护和修复的类别

平江路31号"筑园"虽然并不是苏州市优秀历史建筑，但仍尽可能高标准严要求地来保护和修复它。制定其保护和修复类别为：保护（其中包括原样保留、原样修复和绿化修复）、更新和拆除（表 6-2 和图 6-15）。

平江路 31 号保护和修复类别　　　　表 6-2

类别	内容
保护	保护对象是那些极具历史价值或建筑价值的重要构件,保护的目的在于保护历史原状,以求如实的反映历史遗存、维持建筑外部风貌的原真性。 具体分为三种类别:原样保留、原样修复和绿化保护,参见图 6-15 鉴于原真性原则,我们不建议采取"按原样恢复"和"按原样改建"这两种保护措施
更新	保留主要外观风貌,更新其内部结构和布局,调整使用功能,主要集中在前厅部分
拆除	对违章搭建、风貌影响较大以及性能极其不完善的建筑构件采取拆除的措施,原用地根据"筑园"会所的功能规划进行重新设计。当然,我们会尽可能多的保护和保留那些历史构件,同时极其慎重的、只有在必要的情况下才会采用拆除的手段。拆除后的建材将尽可能地再次利用。关于新建建筑部分,我们将严格依照平江路风貌保护的要求进行设计,严格控制建筑层数、风格、尺度、色彩、材料等。但是为了体现原真性原则,新建部分一定是现代样式,用俗话说就是"新的就是新的,老的就是老的",这才能体现不同历史阶段的发展过程

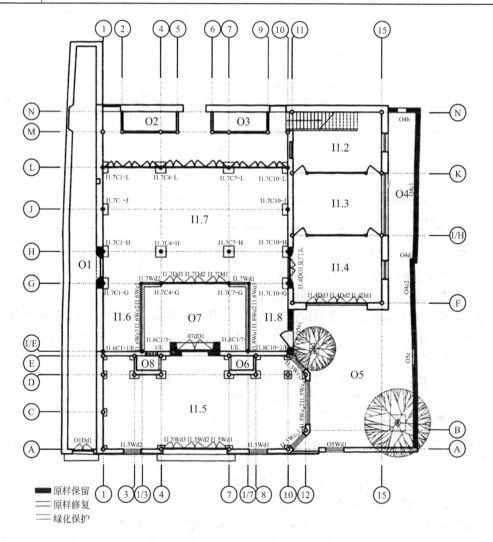

图 6-15　平江路 31 号保护和修复类别

（3）为所有亟待保护和修复的建筑及构件列表

接下来，需要为所有亟待保护和修复的建筑及其构件列表，包括列入"保护"和"更新"类别的构件。通常以房间为单位，逐一记录构件编号、名称、保护和修复类别、说明等内容，还可附上链接照片。表 6-3 是平江路 31 号中亟待保护和修复的构件列表，表中省略链接照片。

亟待保护和修复的构件列表（举例说明） 表 6-3

房间编号	构件编号	名称	保护和修复类别	说明	链接照片（略）
I1.4	I1.4a₁	门扇及门头	原样保留	保护单面门扇（面向 I1.7）和双面门头	
I1.5	I1.5Wc₃1	窗	原样修复	（2003-2004 平江历史街区保护整治工程时翻新）将门窗拆下修复后（主要改善门窗保温、密封等方面的性能），安装回原地保护木屋架及梁上的雕刻	
	I1.5Wc₄1	窗	原样修复		
	I1.5Wc₄2	窗	原样修复		
	I1.5Wc₅1	窗	原样修复		
	I1.5Wd1	窗	原样修复		
	I1.5Wd2	窗	原样修复		
	I1.5Dd3	门	原样修复		
	I1.5B1	梁	原样保留		
	I1.5B2	梁	原样保留		
	I1.5B3	梁	原样保留		
	I1.5B4	梁	原样保留		
	I1.5B5	梁	原样保留		
	I1.5B6	梁	原样保留		
	I1.5B7	梁	原样保留		
	I1.5B8	梁	原样保留		
	I1.5B9	梁	原样保留		
	I1.5B10	梁	原样保留		
	I1.5B11	梁	原样保留		
	I1.5B12	梁	原样保留		

（4）初步拟定需拆除的建筑构件

平江路 31 号中初步拟定需拆除的建筑构件有（图 6-16）：

1）拆除侧翼部分外墙、隔墙、楼梯、楼板、部分梁柱和门窗；

2）拆除画廊（O1）和前厅（I1.5）、偏厅（I1.6）、正厅（I1.7）和后厅（I1.1）之间的大部分，以满足增设管道设备的要求；

3）拆除后厅（I1.1）和内院（O2、O3）之间的隔墙和门窗，以满足厨房的使用要求；

4）拆除后厅（I1.1）和前厅（I1.5）之间的门扇，以满足新功能的需求；

5）拆除其余部分墙体，增设通道或门窗。

（5）确定修缮方法

通过划分一般修缮、原状修复和现状修复三个层次的修缮技术，可以根据修缮对象的

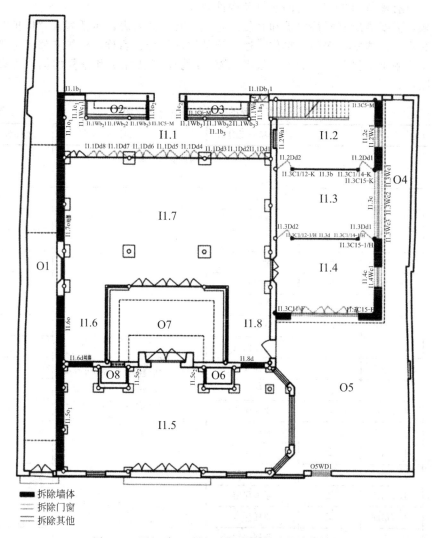

图6-16　平江路31号初步拟定需拆除的建筑构件

不同，采用不同的修缮技术。对历史建筑一般采用原状修复和现状修复，对级别较高的历史建筑采用现状修复，从而可以使优秀历史建筑的保护工作接近或达到国外现有历史建筑保护的技术和要求。鉴于原真性原则，平江路31号采用的就是现状修复的修缮方法。

（6）历史建筑的功能定位

平江路31号在完成历史建筑物质复兴的同时，完成了以下三方面的功能复兴：

1）苏州建筑旅游信息中心——为国内外建筑从业人员和爱好者到苏州进行建筑旅游时提供专业指导服务，内容包括苏州建筑介绍、建筑旅游指南和相关建筑旅游纪念产品；

2）建筑俱乐部——为国内外建筑旅游者、苏州乃至长三角地区的建筑专业人士创建一个小规模的、但富于专业品味的休闲、交流、度假俱乐部，以期达到以"建筑"会友、弘扬当代中国建筑文化的目的；

3）企业会所——作为"上海中房建筑设计有限公司"的企业会所，成为中房与社会各界交流以及员工活动培训的场所。

（7）修复方案设计

平江路31号具体的设计方案有以下几个方面：

1）完善建筑外观

由于2003年的改造工作较为粗糙与简陋，原有的木质门窗有些已严重变形，不能满足现代建筑门窗的节能与密闭要求，故本次改造对建筑的木门窗都进行了全面的更换，采用了更高品质的门窗，并加装了中空玻璃和密封条。原有传统木门扇的开启方式与门槛的存在同样不能满足现代建筑空间流通性的需要，因此改造调整了对门的开启方式，同时又修复了西向主立面上的入口台阶，并按现代人的生活习惯取消了门槛。再通过重新粉刷墙体，修复原有屋顶形式与屋面构造，修复屋面小青瓦等措施，基本恢复了建筑原有的外观与风貌。

2）调整室内功能

平江路31号建筑原有的前厅部分被改造成一个融集散与展览于一体的空间，也可以说相当于现代建筑中的门厅部分。中间的一个内院及老门头与两个小天井都被保留，内院四周走廊的一侧置三两桌椅以供茶饮、休憩之用。原有的中厅则被改造为由镂空式书架围绕而成的书吧与茶座，既可静心阅读，也可品茗交流。原处于后厅两侧的小天井则连同后厅一起被改造为吧台（图6-17）。

建筑主体北侧与相邻建筑间原有的走火巷本已废弃，被改造成艺术长廊，并利用了建筑两侧山墙轮廓的变化，设计了充满现代感的几何形钢结构屋顶（图6-18）。正厅南翼本为设计简单的二层楼房，每层均有三个房间，经改造成为上下各两间的高级客房，并配有完善的卫浴、空调、地热等设施。室内设计同样以黑白两色为主题，既暗合了粉墙黛瓦的建筑外观，又体现了简约现代的建筑理念。

图6-17 中厅改造的书吧

图6-18 走火巷改造的艺术长廊

3）塑造庭院景观

位于建筑西南侧的庭院除保留了原有的两棵广玉兰树之外，还保留了具有苏州地方特色的"空斗墙"，斑斑驳驳的"空斗墙"尽显了建筑的历史积淀。设计师还以"空斗墙"的概念重新铺设了庭院地坪，并在庭院的南侧开凿了一条细细的人工溪流，一头灌溉着有着近百年历史的广玉兰树，另一头则是同样具有江南特色的水瓶形门洞。改造后的庭院整体风格清丽雅致，充满了江南园林式的意趣。

　　4）升级技术设备

　　在建筑结构方面，一方面利用了建筑原有的结构受力体系，并加固了原有结构构件，另一方面在局部增加了新的结构，使得新老结构共同受力。而在建筑设备方面，则在充分利用屋顶平台、墙体空腔与吊顶等隐蔽了设备管线的基础上，安装架设了先进的现代化设施，如自平衡新风系统、碳晶板地暖系统、同层排水系统、挤塑型墙体外保温系统等，使其完全能够满足现代人生活的需要，并体现出设计师在节能低碳方面所做的一些努力与尝试。

　　(8)　拟定历史建筑设计修复导则

　　苏州平江路 31 号的修复工作旨在保存建筑历史、修复建筑主体，使建筑构件、色彩等建筑历史元素得以修复。本次工作的目的不是为了创造新的建筑外观，而是为了保存现存的建筑踪迹，甚至是一些破损的痕迹或标记。建筑中的新元素必须有别于原有元素，这是我们必须贯彻的原则。修复现存雕塑，不必修补缺失部分，也不必取代这些雕塑。部分立面保持现状就行。强调新老元素之间的对比，维持并完成部分按照"传统工艺"进行的修复。在遵循现有修复相关条文的前提下，以前期调研成果为基础，最终确定的保护和修复基本要求为：

　　结构加固——在结构体系基本不变的前提下，对地基、外墙面、楼板、屋架进行加固或置换处理，以达到"安全第一"的要求。

　　外观形态保留——保留原有的屋面、外立面、门窗及装饰构件等，对这些部件进行清洗、修补或按原样修复。

　　建筑整改——建筑内部在确保基本格局不变的前提下，布置适当调整，增添必要的生活设施以符合现代人生活的习惯。

　　增添完善的机电设备系统——包括空调、地热、新风、通信、消防和安保等系统。

　　精装修工程体现原有建筑风貌——对室内原有的门、窗、装饰线条和小五金件等基本按原样原材料制作，对能继续使用的在整修后继续使用。

　　庭院绿化合理布置——保存现有庭院基本平面布局，对原有树木保护修剪，增添部分小品和水池，与周边环境相协调。

　　市政配套重新设置——根据整个项目的总体安排，对各类外围管线等市政配套系统重新设置，以符合现行规范要求。

　　将历史建筑保护与建筑节能有机结合起来——从建筑低能耗设计着手，在建筑采暖、空调和照明等方面减少建筑的能源消耗，并与改善建筑舒适性相结合。

6.2.3　上海新天地广场

6.2.3.1　概况及开发原则

　　新天地广场位于上海市中心区淮海中路的南面，它东临黄坡南路，南临自忠路，西临马当路，北临太仓路，兴业路把整个广场分为南里与北里两个部分（图 6-19）。1999 年初新天地北里动工；2001 年，北里开业，南里动工；2002 年，南里开业。

　　该地块隶属于旧上海的太平桥地区，其建筑建造于 20 世纪 10~20 年代，当时为法租界，整体属于旧式上海里弄建筑。上海最重要的革命历史文物保护单位—中国共产党第一次代表大会的会址就在这里的兴业路上。由于中共"一大"会址是国家重点保护单位，会址周围环境一直严格控制，依旧保持着 50 年代原貌，广场所在地的两个地块被划入上海

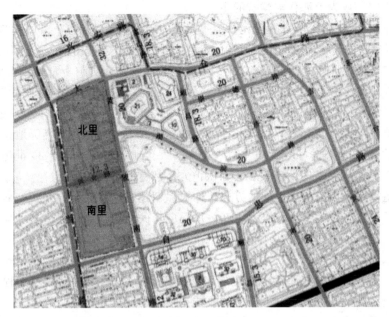

图 6-19　兴业路把广场分为南里和北里

市"思南路历史风貌保护区"中。

　　所谓历史风貌保护区，首先是因为区内存在着已被登录为必须予以保护的国家级或市级历史文物或具有文化特征的建筑。为了使这些建筑在旧城改造后不至于被淹没在与之极不协调的环境中，因而在它们周围划定一个风貌保护范围以保护其环境风貌。对保护区内的建筑提出三个保护层次：核心保护、协调性保护与再开发性保护。在兴业路历史风貌保护区中一大会址为该区的核心保护对象，它附近的建筑是协调保护对象，其他建筑可以是再开发性的保护。

　　根据政府批文要求，该地块开发必须严格遵循保护"一大"会址的原有风貌及空间格局，周围建筑改建和整修必须在尊重历史建筑文脉的基础上进行。同时要求，通过开发要能够达到改善本地区环境、完善本地区配套设施，体现对传统历史地段实行积极保护。

6.2.3.2　设计理念

　　新天地广场的开发商是香港瑞安集团，修建性详规由 SOM 公司完成，第二阶段的设计及实施方案由 Nikken Sekkei International Ltd.（Singapore）与 Wood & Zapata Inc.（USA）联合承担。

　　上海里弄建筑起源于鸦片战争后的 19 世纪中叶。随着租界的兴起及大量外来人口的涌入，商业性的地产开发蓬勃发展。从 19 世纪下半叶到 20 世纪中叶，在旧上海，城市化历程中，里弄建筑最初是木结构简易独立住宅，逐步演变为砖木形式带有巷弄的独立式联排住宅。联排式布局解决了城市用地紧张、人口密集的问题。巷弄的形式使得里弄建筑有了社区小环境，有了易于建立良好邻里关系的空间。由于早期的开发商均为外国商人，使它具有中西合璧的特色。如：石库门沿用了传统江南民居中的入口大门形式，天井亦沿袭了中式住宅的习惯，山墙花饰则多为西式风格或西式风格的变异。在上海的都市化进程中，里弄建筑较好地体现了上海本身的社会生活方式的演变与发展。因此，它在近一个世纪的发展过程中，成为上海住宅建筑的主要形式。

对于这样一个经历了近一个世纪沧桑、在漫长的历史岁月中保存下来的建筑群，时间赋予这些建筑以独特的韵味，每一条巷道都保留着浓郁的生活气息，其中不乏保存完好、建造精美的房屋。因此，如何在上海传统文化的背景上尊重历史，如何尊重旧有人居行为环境，怎样关注现有人文景观，成为设计的主要核心。经过多方面的分析与研究，确定了改造这一地区的理念：保留石库门建筑原有的贴近人情与中西合璧的人文与文化特色，改变原先的居住功能，赋予它新的商业经营价值，把百年的石库门旧城区改造成一片新天地。

"新天地"区内有国家重点保护单位"中共一大会址"和许多建于 20 世纪初典型的石库门里弄建筑，在建设高度、建筑形式和保护方面都有一定的要求。

地段改造采用了"存表去里"的方式，即对保留建筑进行必要的维护、修缮，保留建筑外观和外部环境，对内部进行全面更新，以适应新的使用功能。把原来的居住功能变成了经营功能，把整片居住区变成了商业、文化、娱乐、购物的场所。拆除一部分老房子，开辟绿地和水塘，美化环境。

为了配合外表"整旧如旧"、内部"翻新创新"的特色建筑，设计及工程以保留房子原貌为原则，在内部则进行了翻天覆地的改造。现在的新天地石库门弄堂，外表依旧是昔日的青砖步行道、清水砖墙和乌漆大门等历史建筑，但内里则设有中央空调、自动电梯、宽带互联网，把它改造成全新概念的经营消费场所。

6.2.3.3　修复设计

上海新天地的设计中要考虑三个问题：

1）如何控制整体上的空间尺度。必须在不破坏现有人文环境的前提下，进行拆除与保留，最终完成整个商业空间的设计。

2）如何保留旧建筑。要使得这些里弄房子在满足新功能所需要的改造后，在增加了必须添加的配套设备后，依然保持原有的建筑特色。

3）如何处理设计中新与旧的关系。这里既有新旧建筑如何相互结合的问题，又有新材料、新技术在旧建筑改造中如何运用并体现时代感的问题。

下面，从以下几个方面介绍上海新天地的修复设计。

（1）空间设计

新天地的整个保护、改造与开发是一个挑战。以新天地北里为例，在这个面积不到 2 公顷的地块上原先建有十五个纵横交错的里弄，密布着约 3 万 m² 的危房旧屋。其中最早的建于 1911 年，最迟的建于 1933 年。它们中有的有能直达马路的弄堂口，有的则要借道其他里弄才能进出。因此在空间处理上，首先要读懂它们之间的关系，要在密密麻麻的旧物中"掏空"出一些公共空间；在"掏空"的同时还要把一切能为广场增色的、具有石库门里弄文化特征的建筑与部件保留下来加以利用。

设计师们从保护历史建筑、城市发展以及建筑功能的角度作多方面考虑，把新的生命力注入这些旧建筑，以符合时代需求。方案最终决定在整体规划上保留北部地块大部分石库门建筑，穿插部分现代建筑；南部地块则以反映时代特征的新建筑为主，配合少量石库门建筑，并由一条步行街串起南北两个地块。

整个新天地区域的核心即是串联南北地块的步行广场。通过这个条形空间，原有狭窄私密的传统里弄空间被部分地敞开，形成了区域的公共活动中心。公共性较强的零售商业和饭店沿此布置。在步行广场的周边则保留了旧的城市肌理，包括狭小的宅间路和过街楼等元素，在此布置了一些较内向的活动，如酒吧和高级餐厅等（图6-20、图6-21）。

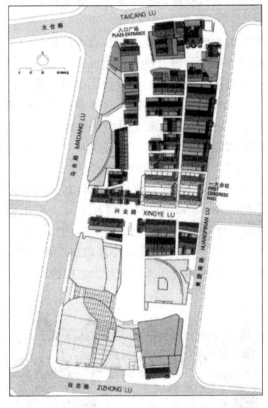

商业文化区　　　服务公寓区
展示办公区　　　商业/影院区
文化艺术保护区　综合商业娱乐区

图6-20　新天地规划平面图

图6-21　新天地鸟瞰图

在建筑改造上针对经营场所的需要和功能，对原有的住宅建筑，如修枝剪叶般作出有条理的改动。拔去几幢房后，曾淹没于弄堂内一座漂亮的荷兰式建筑便跃然而出。拆去违章建筑，市区不多见的弄堂公馆开始重见天日。这样，被保留下来的旧建筑各呈特色，仿佛一座座历史建筑陈列馆。

仍旧是石库门，外部空间依旧是青砖步行道，红青相间的清水砖墙，厚重的乌漆大门，雕着巴洛克风格卷涡状山花的门楣，仿佛时光倒流，重回当年。而一步跨进室内，却是又一番景象，原先的户隔墙被全部打通，呈现宽敞的空间，内部设备是按照现代都市人的生活节奏、生活方式、情感习俗而做。引入了自动电梯、中央空调、每幢建筑物之间铺设光纤电缆，形成信息网络。老年人感觉它很怀旧，青年人感觉它很时尚，外国人感到它很"中国"，中国人则觉得它很洋气。从某种程度上说，确实达到了当初其所标榜的"不是简单复旧，而是更高层次回归"的口号。

（2）旧建筑修复

在对新天地传统的建筑改建过程中，保留虽然成为设计的主要目的，但保留的方法与方式则是随着时代的发展变化而有所扬弃的。对待传统的建筑中所体现的文化特质及美，采取保留；而对于旧有建筑中，那些所不能适应目前发展需要的功能与布局，用新技术新材料加以改造，力求在修建与改建中体现建筑建造的时代精神与技术水平。尊重传统与体现现代在多种设计原则下微妙平衡。

新天地广场在建筑的改造与修整方面曾经历了很大的困难。本来要在石库门房子中塞进现代的休闲生活内容就够困难了，何况这些房子大多为危房，没有卫生设备、上下水道陈旧不足、基础与地板均已腐烂，只要稍微一动便有散架的可能。结果做了很多试验，付出了昂贵的代价才得以完成。特别是像 La Maison（图 6-22、图 6-23）这样兼有演出的餐厅，内部需要宽敞与能承受大荷载的空间和供演出用的机电设施。因而建筑除了外墙之外，里面的基础、上下水道到屋顶全部是重新建造的。而且外墙有些已经酥松，只好对之进行修补与加固并注射了一种进口的防湿药水。事实上几乎所有的旧屋均要大兴土木与脱胎换骨才能更新使用，因而其费用每平方米高达两万元。在新天地广场中只有一幢建筑（现称新天地一号）是通过整修就可以重新利用的（图 6-24）。这是一幢原上海人称之为"中国式洋房"的宅子，其布局是上海典型的两厢一厅，立面则是比较考究的洋式。建筑为混合结构，质量尚好。内部有精美的花纹与线脚装饰。它曾埋没在许多破房旧屋之中，经过清理、加固与修复，重现了昔日的光彩。现为瑞安集团与新天地招待贵宾的会所。

图 6-22　La Maison 的入口

图 6-23　La Maison 为了室内演出把屋盖掀掉，改为钢筋混凝土框架后再按原来的样子铺好

图 6-24　新天地一号外观及天井

142

材料上，保留下来的石库门由于历史较长，加之过度使用，缺乏保养，早已面目全非，部分必须重建。为了重现这些石库门弄堂当年的形象，设计方从档案馆找出当年由法国建筑师签名的原有图纸，然后按图纸修建，整旧如旧。石库门建筑的清水砖墙，是基本特点之一。为了强调历史感，设计决定保留原有的砖瓦作为建材。一个"旧"字，其代价远远超过了新砖新瓦。在技术上，瑞安集团从德国进口了一种昂贵的防潮药水，像打针似地注射进墙壁的每块砖和砖缝里。屋顶上铺瓦前先先放置两层防水隔热材料，再铺上注射了防潮药水的旧瓦。

（3）新旧处理

任何一个时代的建筑，无论在技术上还是设计观念上，均带有那个时代的烙印。即便是改建项目，技术的或艺术的风格也应体现时代特征。而新与旧的关系，实际上像时代变迁一样，存在着时间与空间的距离感。因此，设计中只有很好地体现新与旧的对比，才能真正把握住现代与传统，才能让我们真正体会我们所保留的建筑的文化底蕴与意义。

在设计中，通过新建筑的纯几何的简单曲线形体，使它们与传统里弄建筑四平八稳、方方正正的外形轮廓形成对比；形成金属框架、玻璃、高技术含量建造方式等与传统建筑形式的木构件构造方式的对比；形成光洁材质透明颜色与粗糙岩石、砖面及粉刷面层的对比（图6-25）。最终使得新与旧的关系得到了良好的处理，既展现了新技术与艺术的时代风采，又恰到好处地发挥了旧建筑的文化特色及建筑风格。

图 6-25 原昌星里的弄堂口老式石库门和玻璃幕墙的结合

而另一方面，该设计在建筑细部和新老交接处大量使用具有现代性的材料和手法，为怀旧的环境气氛注入了时代的气息。大至建筑综合体的整片玻璃幕墙，小至街头的路灯都可以感受到现代的设计手法，而非简单地恢复或者延续旧的环境。如街道的铺地，材料使用了拆房所得的旧砖，与花岗岩和水泥板块相配而形成全新的构图。

（4）功能置换

新天地紧临淮海中路，是上海的商业中心，地理位置优越，将其功能由单一性的住宅转向公共性的商业文化，可以最大限度地发掘地段的潜在价值，并以石库门建筑文化与淮海路产生互动作用。对此地段功能的定义是一个在保留现有地块的基础上，开发建设新的商业餐饮、娱乐空间。新天地广场对其使用功能的置换既是商业运作，又是对历史街区文化的保护。其对经济的活用是新天地更新中最重要的一步。

　　首先对地价因素的活用，利用其处于黄金区位的优势，根据城市级差地租的理论，从居住用地性质转变成商业用地性质，产生了更高的效益。其次，将历史文化作为一种城市资本来进行运作，根据资本的性质，在不损害自身数量和质量的情况下，获取更多的利益。文化资本的运作也带来了街区的重生，如将其依然作为居住街坊，并达到现代需求的使用功能，结果可能是保留了建筑群体，但由于原住民不能负担改建的高额费用而成为死城。而功能的置换在解决经济问题的同时也让街区重新焕发了内在的生命活力。

　　（5）城市设计

　　著名的城市规划专家凯文·林奇（Kevin Lynch）曾指出：组成城市意象的元素是通道、边缘、区域、结点与标志物。但它们不是各自独立的存在，而是相互重叠与引申的。因而好的城市形式既来自对意象元素的设计，也来自对它们之间的关系、对意象的转换与对意象质量的设计。我们不妨以此来认识与评价新天地广场。

　　新天地呈现的"批判"地域主义的建筑形态是设计者对城市空间一次性的规划和设计，希望实现从原来的住宅到商业和文化消费、从相对封闭的私人化区域走向公众共享的意图。在手法上，设计师采用了陌生化和凯文·林奇城市意向的设计方法来处理空间和形态，想让新天地成为新的社会共享空间和提供新的"陌生的地域感"。

　　1）通道

　　广场的南北主弄（通道）可谓广场中最有主导作用的部分。从太仓路进入广场时（一个区域的开始，也是一个结点），首先映入眼帘的是弄堂口左右两旁的咖啡店和上海东魅会所的石库门以及东面墙脚一座用黑色大理石与玻璃建成的现代风格的瀑布水池。它们先入为主地告诉大家：这是一条旧式里弄，但有今天的现代生活内容。主弄两旁的墙壁（边缘）是原来这个地块上的石库门房子中比较有特色的青砖与红砖相间的清水砖墙。在延绵的砖墙中不时可以见到保留下来的弄堂口或石库门。其中 Le Club（酒吧会所）下面具有明显西洋风格的原明德里弄堂口和 La Maison（法国乐美颂歌舞餐厅）下面原敦和里的一连9个朝东的石库门，最具吸引力也最能勾起人们的怀旧情绪。须知，石库门房子中东西向是很少的，现在能把它们保留下来作为南北主弄的重要题材，可见设计人在调研中的细心与设计的匠心。但新天地广场毕竟是一个现代生活的休闲场所，因此原来石库门的黑漆木门在这里被换成玻璃门扇。从门外可以看见里面的现代化陈设和活动情景。此外，由于主弄是从原来的房屋"掏空"出来的，它不像石库门弄堂那么笔直，而是有宽有狭，正好为露天餐座或茶座提供了好地方。在主弄的中段，即 ARK（日本亚科音乐餐厅）的前面，通道被拓宽成为一个小广场（另一个结点），正好集中了好几个餐厅、专卖店、艺术展廊如琉璃工场、逸飞之家等等的出入。原来里弄排屋之间的小巷全部被保留下来了，成为南北主弄的支弄。主弄地面铺砌的主要是花岗石，而支弄地面则全部铺以旧房子拆下来的青砖。从主弄走入狭窄深邃的支弄时，特别感到旧式里弄朴实无华中存在着浪漫情调。主弄在接近兴业路时，是一段覆盖了玻璃拱顶的廊（又一个结点）。廊的两侧是商店与进入石库门展览馆的入口，廊的南北两端有两个拱门，一方面说明了北里区域的即将结束，同时又预告了南里（又一个区域）的开始。

　　2）标志物

　　至于林奇提出的另一个元素"标志物"的问题，北里由于力求全面与逼真地保护石库门里弄的风貌，并没有什么特别的标志性建筑。Luna（地中海路娜餐厅）虽部分采用了现代风格和玻璃幕墙，但其尺度与色彩，特别是在新与旧的交接上十分注意它们之间的和平共处，谈不上是一个标志性的建筑。然而在这些没有标志之中却存在着不少具有标志作用的亮点。首先是那些精心保护下来的中西合璧与精工细琢的弄堂口与石库门，它们是海派文化的有力代表，时时会令行人驻足观赏。此外，有些在规划、设计上的别出心裁也为广场增色不少。如 La Maison 所在的敦仁里虽拆掉了，却留下一个弄堂口；东北面的昌星里部分被包到 Luna 里面去了，成为餐厅内部的内院，也留下了一个弄堂口。此外有些漂亮的阳台，特别是靠近南入口边上一条狭窄支弄上面争先恐后地向外出挑的阳台，人们一方面欣赏它们在造型上的海派特色，同时可以联想到当时的主妇居然可以各自站在自家的阳台上与邻居交头接耳！

3）边缘

往广场南里看去，南端几幢又高（约 20m）、又大、白色的纯现代风格的商业与娱乐性建筑确实有点使人吃惊。按林奇的观点，城市意象会因观察者的视角、视野与时间上的不同而转换，并举例说高速干道对驾驶员来说是一条"通道"，但对旁边的行人来说是一片不可逾越的"边缘"。好的城市形式应考虑到对意象转换的设计。南里的那几幢现代建筑从广场内部看可能有些不协调，但如把视野扩大到从城市马路上看就会不同了。新天地广场因地处市中心区，其周围已建了许多二、三十层或三、四十层的高楼，再说，在一个现代的城市中，对历史风貌的记忆不可能是无止境的，它必定会有一个与现实相遇的地方。因而这些高约 20m 的现代风格的商业与娱乐性建筑将会是广场内部的旧式里弄风貌与广场对面的现代高楼的一个过渡。

（6）总结与反思

1）风貌保护

新天地广场只保护了建筑的一层皮，算不算是旧建筑保护？要讨论这个问题可能先要从城市为何要保护它的历史人文意象谈起。须知，一个美丽和富有生命力的城市必然是一个有个性、有可识别性、有内涵、有底蕴的城市。人们看到它今日的生机盎然与全面发展必然会联想到它过去的历史，并以此来意想它明天发展的可能性。因而城市不仅要致力于今日的建设，还要保留一些历史人文意象。上海在旧城改建中要划定一些历史风貌保护区的深刻意义也在于此。过去我们对旧建筑的保护确实存在着一些比较简单化的看法：一提到保护就认为要么是原封不动的保护，否则便是推倒重建。然而，在旧城改建中可有拆、留、改、建等多种模式；在风貌保护区中又有核心保护、协调性保护与开发性保护等不同层次。这说明旧城改建可有多种模式，而新天地广场可说是其中之一。

新天地广场不仅把紧邻与正对着一大会址的建筑风貌忠实地保护下来，而且把广场北里大片老式石库门里弄的旧时风貌也保护了下来。它们使人走在黄坡路与兴业路上时可以领略到八十年前一大会址的环境风貌。从风貌保护来说，新天地广场是成功的。

2）文化内涵改变

文化是一个在特定的空间发展起来的历史范畴，不同的民族在不同的生活环境中，逐渐形成各具风格的生长方式和生活方式，养育了各种文化类型。文化传统是历史沿袭下来的思想、道德、风俗、艺术、制度等与人类实践活动有关的各种生活方式，她产生于文化的继承性和变异性相统一的特性中，也就是说，任何历史时期的文化都是在前代文化的基础上形成和发展的。

保护城市中心区里弄住宅及其环境的一个最有效的途径，就是帮助它保持并强化其传统的功能——居住功能。而新天地最大的问题就是失去了它居住的最基本的功能。世界城市建设的经验教训告诉我们：一个具有良好形态的城市中心区，不应当是只有商业和商务活动的中心，还应该是有着居住社区和历史古迹充满生活气息和文化气息的中心，从长远来看，这也是城市中心区保持活力避免衰败的必要方法。

新天地从生活形态上对"里弄"进行拆除是不争的事实，建筑文化内涵确实被改变了，由一个平民的象征转换成了一个奢华的商业中心，其中包括各种高档的画廊、礼品店、咖啡馆、酒吧和餐馆。有人将其认为是建筑语汇在视觉和功能上的双重反讽：用香港富人的消费天堂，反讽了上海贫民窟的悲惨历史。这种观点虽有些极端，但是无论如何，城市更新真的需要追求"连续的、逐渐的、复杂的和精致的变化"。

3）一次性开发

在新天地广场的开发中采取的是一次性开发的模式，用一次性拆迁补偿的方式将原住民替换。由于对老建筑修复的巨额成本，导致每平方米建筑面积的造价高达两万元，因此，被引入的商家不可避免地必须是以高档的餐饮、成衣和会所为主来收回高额的建筑成本。这就导致在建成环境真正投入使用时，并没有真正成为社会共享空间，发生在空间中的活动被主要限定在了特定的人群——中产阶级身上，使得设计师希望获得社会共享的空间品质成为中产阶级、精英和开发商对城市空间的扩张，变成中产阶级用文化符号建立自己的地位和进行"炫耀性"消费的场所；新天地实际走上了"中产阶级化（Gentrification）"的道路，这也是后来上海新天地在社会学层面被质疑的主要原因。

4）新天地效应

由于产生了巨大经济利益，从石库门里弄改造而来的上海新天地成为瞩目的旧区改造案例。在经济利益的驱动下，我国出现了各式各样的"新天地"，西湖新天地、宁波新天地、南京新天地、苏州新天地、重庆新天地……"新天地风潮"越演越烈。

从经济和社会发展的角度看，目前新天地的开发模式确实是适应城市发展需要的，实际效果也很好，可谓是有创意地解决了旧城改造的经济和人文效益的矛盾。但是从历史遗产保护更新利用的角度分析可能会受到一定的质疑。因区域原有的城市运作模式已消失，而仅仅是留下了建筑的外观。也正由于打破了忠实还原历史的局限，于是新天地的设计获得了别处难以齐备的条件和自由。作为一个大型的示范性旧城中心区公共空间开发项目，新天地的设计成功地运用了地区原有的特征符号，赋予其全新的功能和空间秩序，从而塑造了古朴与现代相得益彰的新环境。新天地从根本上说是新的，可以说它是用旧建筑的"瓶"装了新城市活动的"酒"，更可以说它是用新的环境设计观念的"瓶"装了旧城市环境元素的"酒"。对于目前各种效仿行为，必须综合分析，既要考虑历史街区保护性开发的限制要求，又要兼顾城市更新的可持续性，切不可盲目效仿。

6.2.4　天津静园保护利用修复设计

天津作为国家级的历史文化名城，是近代吸收西方文化最早的城市之一。从 1840 年起，随着商业的繁荣与发展，天津逐渐成为与西方文化融合最广泛的城市之一。天津的城市建筑受到中西两种设计思潮的影响，逐步形成了风格各异的历史风貌建筑群。其中既有中国传统风格的四合院、庙堂、寺院，又有近代西洋古典建筑、花园别墅。这些各具特色的建筑形成了津城独特的建筑文化和城市景观。为保护历史遗产，近年来，天津市委、市政府采取各种措施，一批具有重要意义的历史风貌建筑得到整修保护。2005年9月1日《天津市历史风貌建筑保护条例》的出台与实施，更是为保护天津市的历史风貌建筑提供了法律规范依据和保障。

6.2.4.1 项目概况

静园作为末代皇帝溥仪20世纪20～30年代在天津时的故居，是天津市文物保护单位、特殊保护级别的历史风貌建筑。1924年，溥仪离开紫禁城后来到天津，初居张园（今鞍山道59号），1929年7月9日携皇后婉容、淑妃文秀迁到同一条街的"乾园"居住。退位后，溥仪为恢复"大满祖业"将"乾园"改为"静园"，表面上是取"清静安居，与世无争"之意，而实际寓意"静观其变"、"静待时机"以东山再起，进行复辟（表6-4）。

静园概况表 　　　　　　　　　　　　　　　　　　　　表6-4

坐落地址	天津市和平区鞍山道70号
占地面积	2063.33m²
建筑面积	3089.74m²
结构形式	砖木结构，主楼2层　局部3层
建筑风格	东西方混合型　庭院式
始建年代	1921年
原用途	私人公馆
保护等级	特殊保护等级

2005年3月，静园作为天津市五个历史风貌建筑保护试点项目启动，并相继完成了静园改造利用规划和保护修复设计导则。2006年8月开始了整修工作，整修范围包括墙体、楼面和屋顶等结构加固；电气照明线路、开关、插座及安防系统、监控系统等智能化工程；电力、给排水工程增容改造，室外与外网连接工程；增设消防及空调通风系统。历经10个月的整修，静园于2007年7月20日整修完毕。通过静园修缮项目工程整体施工，其安全性得到提高，能够满足现行结构质量要求。在建筑复原施工中，对建筑结构形式、屋面、门窗、五金件、木作装修、外檐风格等，在修复施工中严格保留原始施工做法，保留及使用原材质、材料，保留静园的原真性，使得静园整体效果达到最好状态，达到预期要求。

在前期查勘中，全面、完整地进行查勘和设计，为后期修缮施工奠定基础。严格按照《中华人民共和国文物保护法》及《中华人民共和国文物保护法实施条例》进行施工，使静园得到良好的保护，整体提高静园功能。静园无论是在修复理念、修复技术，还是在经营利用模式上，均起到了良好的示范作用。

6.2.4.2 现状查勘

静园主楼平面大致呈矩形，为二层砖木结构，局部三层，采用逐层退台（向北侧）布局，每层退台深度均为3600mm。建筑采用有组织外天沟排水。地下室约1.5m高度范围内采用砂浆砌筑，1.5m高度以上及主体墙体多采用大泥砌筑。

后院由主楼东山墙处游廊与前院分隔，在东北角建有外廊式二层附属用房，采用砖木结构。建筑平面尺寸为21.09m×4.52m（长×宽）。双坡挂瓦屋面，起脊高度为1.65m。建筑中部设木制双跑楼梯一部。宅院西侧为独立单层花厅，并采用游廊与主楼西端外廊相连，划分出西跨院。游廊延伸长度为 17m，宽度为 1.5m，两侧廊壁采用对称连券形式，砖木结构。花厅布局呈近似矩形，平面尺寸约为 36.52m×22.64m（长×宽），室内层高为 3.2m。屋面采用坡屋顶瓦屋面，脊尖高度为 5.4m。宅院靠东侧围墙自正门至后院建有门卫室等附属用房，均为单层砖木结构，采用单坡挂瓦屋面。

（1）房屋安全鉴定

通过对静园主楼的基础、墙体、屋间结构、屋面结构的强度、稳定性及是否变形进行全面检测，认定静园存在严重的自然损坏及人为损坏现象。建筑主楼、附属楼及东侧平房震后虽经加固、维修和改造，但仍不能满足天津地区目前抗震设防标准的有关规定，相应的抗震构造措施亦不完善，应对建筑整体采取抗震加固措施。

（2）消防安全鉴定

静园为砖木体系结构，采用木楼板、木屋架、木楼梯，而且存在大量木装修，主楼与附属楼间距相对较小，据《建筑设计防火规范》判定其耐火等级为四级，加之多户混居、年久失修，因而存在着严重的火灾隐患，需要在整修中结合功能定位，采取必要的防火措施，以提高建筑物的耐火性能，增强房屋的安全性。

（3）建筑测绘

天津大学建筑学院对静园现状进行了详细测绘，包括建筑整修前的平、立、剖面，总平面以及细部大样图。

（4）现状调查

整修前，根据相关规定对静园的现状进行了详细周密的完损情况调查（图 6-26）。检测方法以宏观查勘和少量破损检测为主，检测其主要材料、工艺、完损情况等方面的状况，重点甄别现存建筑物原状物与改动物，为整修方案和价值评估提供依据。通过现场查勘，静园主要存在的问题见表 6-5。

图 6-26　静园现状照片

静园现状查勘　　　　　　　　　　　　　　　　　　　　　　　　　　　　表 6-5

序号	查勘部位	查勘状况
1	基础查勘	建筑主楼东南角与西南角不均匀沉降差为 156.8mm，超过规定限值 117%。主楼（观测点处）顶点位移最大值为东南角向东倾斜 63mm，超过规定限值 55%
2	墙体查勘	主楼一层墙体多处碱蚀。檐墙及山墙部分变形开裂，在使用后期经过简易封护处理(水泥浆抹压)。主楼北侧可下人半地下室墙体防水层整体时效，长期处于积水状态
3	木屋架查勘	屋架部分主要木构件出现劈裂，劈裂严重部分整根木构件通裂，屋架受力严重失衡，导致墙体开裂

续表

序号	查勘部位	查勘状况
4	层间结构查勘	一层、二层多处板条顶棚破损严重。部分龙骨支座处糟朽、变形,局部龙骨存在纵向劈裂
5	墙面查勘	静园墙面累积问题比较严重,外檐表面风化严重,局部有拆改,破损面积较大,且有厚重油污、水渍等。内檐墙面碱蚀较严重,大面积起鼓,灰皮脱落,表面肮脏不堪
6	门窗查勘	静园门窗存在的问题包括:多数门窗保留原物,但有较大程度损坏,包括变形开裂、局部木料糟朽、小五金件丢失等,个别门窗被拆改,已非原物
7	室内装饰查勘	静园室内装饰样式丰富,独具特色,在后期使用中虽有人为改动(如重新刷漆)、木构件局部损坏等问题,但大都保存完整,可通过整修恢复原貌
8	木楼梯、木地板查勘	木地板、木楼梯普遍存在严重磨损、翘裂、松动、裂缝、变形下沉、颤动等现象
9	屋面查勘	原有大筒瓦屋面,1976年地震后被改为红陶挂瓦屋面,有渗漏现象,屋面局部长草

（5）查勘诊断

根据现场查勘情况,初步拟定了修复意见（表6-6）。

静园建筑查勘诊断表　　　　表6-6

序号	工程类型	损坏部位	修复意见
1	地基基础	主楼、后楼、平房、门楼、院墙	根据设计方案,进行整体加固
2	墙体	主楼、后楼、平房、门楼、院墙	门窗口有改动的要恢复原样;院墙缺损的要按原样补砌;墙帽按原样恢复;已损坏的烟囱要在原位置上按原样恢复;墙身潮湿的查明原因;防潮层失效的要修复
3	屋面	主楼、后楼、平房、门楼、长廊、平台和躺沟、落水管	已改为红陶瓦顶的屋面全部恢复为大筒瓦顶;屋面烟囱在原位置按原样恢复;长廊、平台重做垫层、防水层,做红泥砖面层;躺沟、落水管要用原材料按原样恢复
4	内檐装饰	主楼、后楼、平房、长廊	全部铲除旧墙皮、顶棚、装饰线,按原样恢复;保留主楼部分房间的顶棚花饰、壁炉,顶棚花饰残缺的部分要按原样补齐;卫生间、厨房的瓷砖、洁具全部清除,用原材料恢复;护墙板、橱柜、壁柜按原样修复,金属件配齐;全部铲除室内、廊内的墙皮、顶棚,按原样恢复;卫生间镶贴瓷砖;查明原因,彻底解决潮湿问题;清除长廊内后添的构筑物
5	外檐饰面	主楼、后楼、平房、门楼、院墙、长廊、坡道、台阶	铲除全部外墙水泥饰面,按原工艺原样恢复;板瓦花景窗改动的要用原材料按原样恢复;丢失损坏的窗口护栏按原材料、原花饰复配齐;门窗口改动的按原样恢复;部分铲抹墙体饰面,修补残损,清洗石材;墙帽按原材料、原工艺恢复;恢复长廊的细部装饰;坡道、台阶根据损坏情况修复,残缺的要用原材质原样配齐
6	木外廊	主楼、后楼	一层腐朽的柱根可墩接、修补,整理变形,归安;添配栏杆、扶手;检查调整龙骨,新换地板
7	木门窗	主楼、后楼、平房、大门	全面检修原建筑存留的原门窗,有改动的、后添置的,要按原式样恢复;五金件要用原材质按原式样复制;全部更换玻璃;彻底检修,配齐铁件,不能走样

续表

序号	工程类型	损坏部位	修复意见
8	木楼梯	主楼、后楼	全面检修、更换休息平台地板,个别踏板根据损坏情况修、换;按原样添配、修复扶手和栏杆
9	木构件	主楼、后楼、平房	全面检查,凡后配的木构件全部按原建筑的细部做法恢复,有刻痕花纹的要按原样恢复
10	地面	主楼、后楼、平房	拆除全部木地板,检修木龙骨,按不同的原样式恢复木地板;一层已改为水泥地面的恢复地砖;重做廊步地砖;清除旧水泥地面,做垫层,铺设地砖
11	水、电	主楼、后楼、平房及其他	重新设计安装全部电气及照明系统,添置、配齐原式样的灯饰;主楼增设避雷装置;院内增加照明;重新设计安装给水、排水系统及供热系统
12	地下室	主楼	清除积水、查明原因并修复
13	庭院景观	院内	全部按始建时的原貌恢复喷泉、花坛、卵石甬路和假山;保存有价值的树木;增设休闲凳、椅和雕塑等

（6）文献调研

通过查阅全国各地大量相关档案及图书,采访多位皇族后裔及对收集到的上千幅历史图片、120万字历史文献资料及数十件实物进行梳理,全方位、多角度地挖掘静园的历史文化内涵,不仅使静园能够凭此落实"修旧如故,安全适用"的整修理念,同时还收获了大量宝贵的文化研究成果。

6.2.4.3 项目综合评估

（1）价值评估

静园建筑经历多次自然灾害和人为损坏,但其建筑主体风格、建筑形式、建筑材料并未有重大损失,建筑的原真性得到保存。因此,应从建筑价值和历史人文价值两方面评估静园,为其整修复原和再利用提供良好的依据。

1）建筑价值

静园在建筑特色上,可以用独特、丰富和精妙来概括,建筑形式独特,建筑细部丰富,设计建造精妙。

静园建筑为折中主义风格,外檐使用黄色拉毛墙面、红色大筒瓦顶和连续拱券,同时内饰装修中使用马赛克、壁泉和彩色玻璃等装饰物,都带有明显的西班牙式建筑的特点。但主楼整体在水平方向上伸展,并与原图书馆由游廊相连,带有日式建筑的特点,室内的木制装修如护墙板、屋顶天花等也带有显著的和式风格。此两种风格的混合在天津并不多见,而且搭配得当,色彩柔和,比例协调,创造了静园独特的建筑风格,从而在天津近代建筑中独树一帜。

静园建筑因其独特的风格,汇聚了多种各具特色的建筑材料和建造工艺。首先,静园为砖木体系结构建筑,其承重结构所用的木屋架、砖墙、木龙骨均为原物,大部分室内外装饰物如木制雨篷、护墙板、天花、酒柜、螺旋柱和壁炉等做工细致,而且保存较好。水泥拉毛外墙、铁制窗护栏、门厅琉缸砖下碱、小青瓦砌筑的露台栏板、窗间小螺旋柱、议事厅云彩花饰等则形式新颖,颇具"工艺美术运动"风格的设计感。同时,在查勘中发现,静园的外围护结构虽受到较大损坏,包括具有天津传统特色的大筒瓦顶被改换成红陶挂瓦，原有的菲律宾木门窗被更换、封堵者甚多，而且大多数的彩色玻璃如主楼楼梯间的彩色玻璃和正立面圆窗的彩色玻璃不存，室内一层原有的木地板在抗震加固时被换成水泥地面等，但是按照现存样式恢复，必定使静园的艺术完整性得到完美体现。

在设计建造上，静园融合东西方工艺之特色，既有西方建筑的华丽、繁复，也有东方建筑的清雅、含蓄，细节处理手法精妙，令人赞叹。外檐墙面的水泥拉毛工艺、议事厅的天花抹灰工艺、装饰性木构件的人字纹饰、室内壁泉镶小马赛克工艺等，不仅突显了静园折中主义和装饰艺术风格的特点，而且因其建造的手法精妙，处理得当，使其优雅而不落俗套，稳重而不失洒脱，实为建筑建造的上乘之作。

2）历史人文价值

除去优秀的建筑价值，静园因为曾是末代皇帝溥仪在天津寓居时的旧居，所以有着其他许多宏伟建筑难以企及的历史人文价值。其历史人文价值可以从以下几点分析。

第一，从"号令天下"到"静观其变"——社会政治变革的见证

静园作为溥仪在天津的临时居所，见证了溥仪从高高在上的皇帝到仓皇避难的逊帝的变化。这是中国近代史上最重要的一页，最生动、深刻地反映了当时社会政治形势的变革。而静园正是与这样的历史人物、事件相联系，因此有着重要的史料价值。

第二，从紫禁城到小洋楼，"人-龙-人"转变过程中的重要阶段

溥仪的一生可谓跌宕起伏，人生的戏剧性莫过于他的"人-龙-人"之转变过程。在这个过程中，溥仪在静园的日子见证了他从"龙"到"人"过程中的重要思想转变和历史事件，不仅对于研究溥仪具有重要的历史意义，而且对于研究中国近代史亦有重要意义。

第三，从锦衣华服到西装革履——社会生活变革的见证

溥仪退位是中国近代史上一个最典型的变革缩影，除去深刻的历史意义，其实溥仪在静园期间的衣食住行、社交活动等，也以静园为背景，集中反映了近代社会生活的巨变。住洋楼，穿洋装，乘坐汽车、地铁，结交洋人，穿梭于咖啡馆、饭店、跑马场和舞会，中国人的生活和思想受到了西洋文化的冲击。溥仪在静园的日子，可以成为关于中西文化交流和碰撞的最具代表性的事件之一。

（2）保存状况评估

综合查勘情况，认为静园在建筑风格、材料、工艺上基本保持了建筑原有的真实性，虽然历经百年，有大量人为损坏和自然损坏现象，但在修缮后可以令其恢复原貌，而不损失其历史真实性。建议按照国家有关法律法规，恢复静园风貌，并通过功能的适当调整，使静园满足当代的使用需求，方便以后的合理利用（表6-7～表6-10）。

主体结构（砖墙）保存状况　　　　　　　　　　　　　　　表6-7

部位	损坏类型	表现	原因	受损程度
砌体	开裂	有裂缝	地基不均匀沉降	30%
	变形	墙面凹凸不平	修建或不均匀沉降	30%
	移位	渗水	楼板与墙接缝处灰缝松动、脱落	30%
木龙骨	变形	截面尺寸较小，不能满足现在的荷载；木质、钢筋等糟朽、锈蚀、损坏		20%
	开裂	变形过大；木质开裂；保护层脱落		40%

内外檐墙面保存状况　　　　表 6-8

部位	损坏类型	表现	原因	受损程度
水泥拉毛墙面	层状脱落	表面崩解,呈鳞片状层层脱落	干湿交替	20%
	黑壳	灰黑色坚硬易碎,自下而上脱落,粉化	大气中的二氧化碳	20%
	风化	表面酥脆、分解、模糊、脱落等;渗水(风化严重)	温度和风蚀	40%
	表面沉积	黑色污垢	灰尘累积	50%
	锈迹	黑棕色锈迹	金属物的氧化;涂料、灰浆等化学物质的蚀化;湿气凝结	60%
		污染		
		表面变暗、泛黄		
	灰缝酥松、脱落	外力下灰缝裂缝	锈蚀;人为;植物生长	30%
抹灰	膨闪	水泥砂浆脱落	湿度、风雨侵蚀	30%
	裂缝		温度、施工工艺	30%

屋架、屋面保存状况　　　　表 6-9

部位	损坏类型	原因	受损程度
木屋架	表面裂缝	收缩不均;环境、人为因素	20%
	弯曲变形	受潮;地基沉降;檩子过细、梁架断面小	10%
	断裂	环境因素;虫、菌等严重侵蚀;外力作用	5%
屋面	非原物	震后修改时改动	100%

木质构件及门窗保存状况　　　　表 6-10

部位	损坏部位	损坏类型	受损程度
木质构件	护墙板	糟朽、变形、磨损严重	70%
	踢脚	糟朽、变形、磨损严重	80%
	木地板	开裂、起翘、磨损严重	60%
	扶手、栏杆	风化、变形、磨损严重	40%
门窗	贴脸、筒子板	磨损严重、损坏、不存	70%
	门窗扇	变形、损坏、重新油饰	60%
	五金件	非原物、变形、磨损严重	80%

（3）危害因素分析

1）自然力作用

自然力作用包括自然风化、水蚀和地震等。自然风化作用，导致静园大部分承重构件和外围护结构存在一定程度的老化，比如砌筑砂浆的承载力严重下降、木构件风裂、砖石构件碱蚀脱落等。水蚀作用导致静园屋顶、门窗等木构件存在一定程度的糟朽现象；地下室长期积水，防水层失效。地震导致基础沉降、墙体多处开裂、屋架有松散变形现象，个别木构件折断，原有大筒瓦顶损坏。

2）人为损坏

人为损坏主要源于多户伙居以及日常使用中的损坏。多户伙居中居民随意拆改室内布局，室内外装饰物件的损坏、丢失，乱接管线、私搭乱建现象严重等，使得静园不仅毫无艺术美感可言，还存在严重安全隐患。日常使用中的损坏包括门窗拆改，木地板、木楼梯的磨损，基础设施老化等。

6.2.4.4 静园修复方案设计

（1）修复设计的理念和原则

保护的目的不仅仅是保存一个历史遗迹以满足人们对历史文化的怀念，更是为了从物质层面上延续我们的文化甚至生活本身。因此我们更应该把旧建筑、旧街区看做是我们生活场景中不可中断的链接。这种链接使我们今天的生活与历史及地域紧紧地连在一起，使我们的感情有了物质的依托。历史风貌建筑的保护，尤其是文物建筑，要以建筑保护为主，利用服从保护，使历史建筑得以合理利用，并与现代城市生活相交融，形成富有活力的历史街区。

静园作为历史文化的载体，具有重要的历史文化价值，充分挖掘和展现其具有的清末宫廷居住文化，并开发作为历史文化的教育基地，最大可能地利用其蕴涵的价值。通过保护规划设计，凸现静园原有历史建筑风貌，经过环境整治和建筑保护修复，提升该历史街区文化生活品质，形成天津市历史风貌建筑旅游风情区。

依据《文化部纪念建筑、古建筑、石窟寺等修缮工程管理办法》、《中华人民共和国文物保护法》及《天津市历史风貌建筑保护条例》的有关规定，对静园进行保护性开发利用。为了达到以上对历史文物建筑保护利用的要求，静园的保护规划遵循以下原则：

1）根据"不改变原状"的原则，修旧如旧，对其进行抢救、保护、继承和发展。在开发改造过程中，必须根据相关的历史资料，确定该建筑的原貌，包括它的整体特征和细部装饰特征。在进行修缮的过程中不得改变建筑原有的立面造型、结构体系、平面布局及典型的内部装饰。

2）建筑单体和整体环境的统一原则。静园建筑单体的整治必须与所在地段整体环境整治整体考虑。在建筑修旧如旧的同时，院内的环境设计也要恢复保持当时的风格特点，尽最大可能体现其原貌。

3）典型个性与群体风貌统一原则。静园处于天津老租界内，周边是尺度宜人的马路和低层居住建筑和商业建筑。静园的修缮保护必须要与群体风貌相统一。

4）保存维护和开发统一的原则。静园的利用必须以保护为基本点，以不破坏历史风貌建筑为前提，兼顾经济效益和社会效益。

（2）本体保护设计方案

1）建筑修复设计方案

静园是庭院式住宅，修复工作要保持该建筑的东西方融合的建筑艺术特征，恢复各种不同的建筑艺术风格，充分体现东西方综合型建筑的综合艺术风采。同时，庭院景观也要按原貌恢复，完美地表达静园庭院园林和建筑艺术风格。

修复工作要把结构安全放在第一位，通过查勘、鉴定，发现存在安全隐患的部位、构件，坚决更换、加固。修复后改变用途增加荷载的部位也要加固补强，并在修缮过程中增加抗震措施，保证结构的安全。

在修复工作中拟增加改造一些配套设施，如消防、水电、供热、燃气、通信、排水、景观照明等，完善和提高使用功能。

第一，功能设计

鉴于静园特殊的历史和文化背景，依据《中华人民共和国文物保护法》和《天津市历史风貌建筑保护条例》，结合静园整体的保护、规划和定位，静园的功能设计方案如下。

① 充分利用静园的庭院景观、院内平房和主楼部分房间，满足面向公众的游览功能。原图书馆可用作静园整修展览馆及纪念品销售处，平房用于百年静园图片展及办公。

② 充分利用静园的主楼和附属楼，开辟一定的办公用房及小型会展中心。

第二，外檐修复设计

① 墙面

静园主楼外檐墙面为水泥抹灰饰面，经查勘，大多空鼓、残损、裂缝，石材污染，坡道、台阶有缺损，墙帽破损。

设计中对于结构完好的墙体，建立模型进行系统分析，确定具体清洗办法，两侧院墙保留历史痕迹。对于结构损坏较严重部位的墙体，按原建筑的营造做法、艺术风格和构造特点，用原材料、原工艺进行修复，即对墙面进行铲抹，修补残墙，清洗石材。为确保修补的抹灰墙面与原有墙面效果相同，通过调整不同的材料配比进行样板试验，确定最佳的修补效果；墙帽按原材料、原工艺恢复原样；长廊的细部装饰按原式样恢复；坡道、台阶根据损坏情况修复，残缺的用原材质原样配齐；主楼与附属楼间新设玻璃罩棚。

② 门窗

原建筑留存的门窗损坏严重，门窗式样改动较大，门窗的五金件、配件多不是原物，玻璃损坏。在尊重历史现状的基础上，设计中对门窗做到有依据的复原。对于窗扇尚存的，保留其原有窗扇式样，检查其木料、榫卯的残损情况，对其进行加固、替换，对于不能继续使用的，按原式样、原尺寸重做；对于窗扇已经缺失的，参考周围历史建筑中尚存的、通过鉴定认为是历史实物的门窗式样、尺寸，对缺失的门窗进行恢复。

③ 屋面

在整修前静园的屋面为 1976 年地震后铺设的水泥平瓦屋面，但经考证其原貌为极富天津地方特色的大筒瓦屋面。因此，设计上依传统工艺做法，按照清理基层—抹草泥—分瓦垄—卧瓦—做灰梗的顺序恢复大筒瓦屋面，恢复了静园初建时独特的西班牙风情。屋面烟囱在原位置按原样恢复，躺沟、落水管用原材料按原样恢复。

第三，室内修复设计

① 天花顶棚

静园会客室及原餐厅顶棚原有的独特云彩花饰，整修前已残缺不全。对此，进行原件取样、制模、反样，完全按照原有样式恢复。对于其他地方的天花灰线、灯池也严格按照原有样式复原，从而使得修复后的静园忠实反映历史原貌，在建筑整体和建筑细节上达到和谐与统一。

② 地面

静园室内木地板磨损较严重，部分已改为水泥地面。整修时，拆除全部木地板，检修木龙骨，然后按原样式恢复室内地板。对于主楼一层地面花砖，清理后按原样恢复。后楼一层室内及廊步地面改为铺设地砖。

③ 木楼梯

楼梯保存相对完好，全面检修后，更换休息平台地板，根据情况修、换个别踏板，修理、添配扶手和栏杆。

④ 其他

建筑内部的雕塑、线角、柱头、壁炉、壁池、门窗五金件等应与外檐一样，保持建筑形象、颜色与原有风貌特征一致。

2）结构设计方案

建筑结构体系的改造方法一般有三种：一是以建筑原有结构体系为基础，并对原有结构体系适当加固，从而满足新的使用功能要求及现有规范；二是加固原有结构体系，同时增加新的结构体系，使新老建筑结构共同承担荷载；三是完全脱离原有结构体系，完全由新结构体系受力承载。结构体系的加固必须以保护历史建筑的真实历史信息为前提，同时应当综合考虑满足历史建筑新的使用功能要求。

经专家会论证，静园结构体系的加固采用第一种方法，保留原砖木结构体系，发挥原结构的潜力，避免不必要的拆除和更换，在确保结构安全的前提下，保持原有建筑外观不变，维护建筑的原真性。

3）设备设计方案

依据静园"不改变文物原状"和"安全适用"的设计理念，在尽可能恢复静园原貌、保证建筑结构安全的同时，为改善和提高静园的使用功能和使用价值，对静园的采暖空调、给排水、电气等配套设备设施进行设计改造。

4）景观设计方案

静园原先的环境设施保存已不完整。前院曾经是花园，仅甬道石铺地还有部分保留。主楼西端外廊延伸出一段游廊，划出西院，原有的龙形喷泉、花台、花钵在整修前已破败不堪、面目全非。原先游廊一端有一座典型日式花厅，厅前有假山，整修前大多已无存。

通过查阅相关历史文献，采访老住户并请教有关专家，挖掘静园景观的原貌，恢复其原有的庭院景观：前庭院作为景观主院落，恢复原有的花池、喷泉；西跨庭院作为休闲庭院，恢复原有的龙形喷泉、水刷石花钵和假山；后院结合使用功能，作为功能性使用庭院，布置部分设备，同时增加后院的景观绿化，使其与前院形成整体的景观绿化空间。

静园庭院设计方案以保护其历史价值为原则，同时结合在其修缮后的功能要求为依据进行设计。

庭院主体采用河卵石铺地，周围种植庭院植物，力求清雅素静。结合现代的功能的需要在前院作了停车场，并在庭院中心复原了水池喷泉，使其成为庭院的中心景观，并且和主楼入口、庭院南墙上的壁泉成为景观主轴线。

前院南墙处结合功能需要和景观视觉美感的需要在车位处设计了景观架，此外还保留了原有的消火栓，作为景观小品。

静园两跨院壁泉根据现场部分构建的痕迹结合历史见证人的回忆，复原了藤萝架。

庭院植物以保留原有植物为主，结合绿化需要种植了乔木、灌木、花卉和草坪植物，如国槐、杨树、青桐、白蜡、西府海棠、竹、月季、芍药、菊花等。

在恢复静园原有院落景观的基础上，还着重解决如下几个问题：

首先，整修前静园院内道路狭窄，交通不畅，缺少必要的停车空间。设计中通过合理布置景观要素规划出人行、车行和停车空间，解决了院落交通问题。

其次，整修前整体绿化差，没有相应的开放空间，环境品质不高。因此，在尽量恢复原貌的前提下，结合修复后静园将作为展览馆的功能定位，对其院落进行景观节点设计：在主院中心位置添置与静园总体风格相一致的花坛；美化原有的藤萝架；恢复西院壁泉等，极大提升了静园空间的趣味性和层次感。

最后，针对以上提出的景观设计要求，选取适宜的植物进行重点绿化：在中心花坛区植小紫叶李、大石榴、金叶女贞和观叶球形植物；在停车场、壁泉和主入口处则进行点缀式绿化。静园修复设计图纸见图6-27～图6-37。

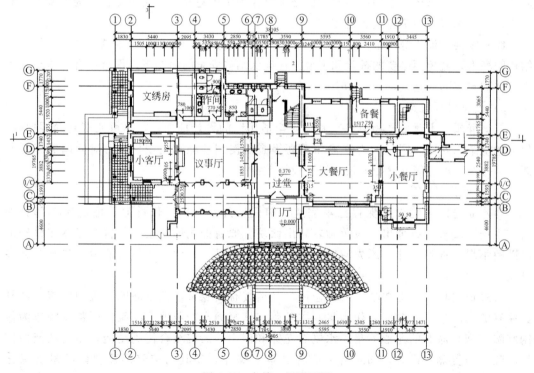

图 6-27　主楼一层平面图

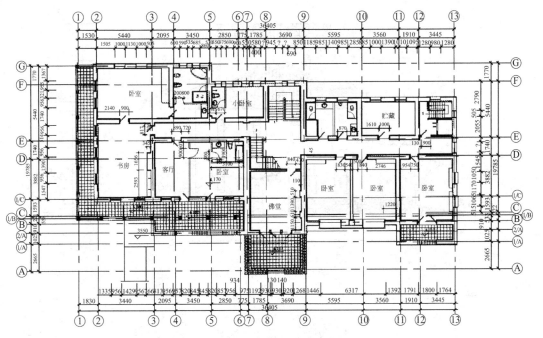

图 6-28 主楼二层平面图

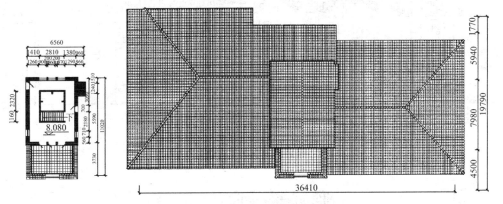

图 6-29 主楼三层平面图及屋顶平面图

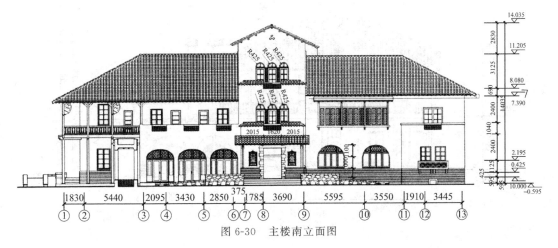

图 6-30 主楼南立面图

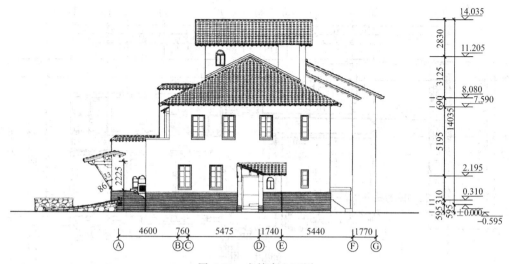

图 6-31　主楼东立面图

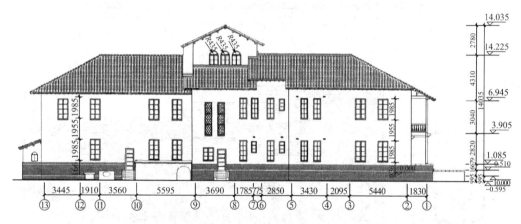

图 6-32　主楼北立面图

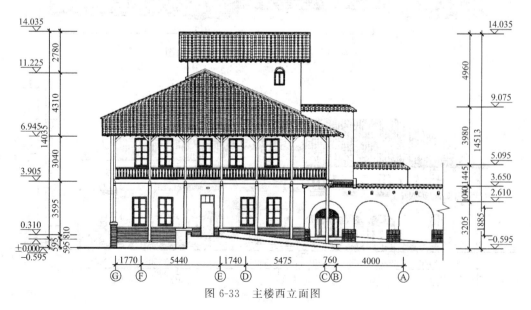

图 6-33　主楼西立面图

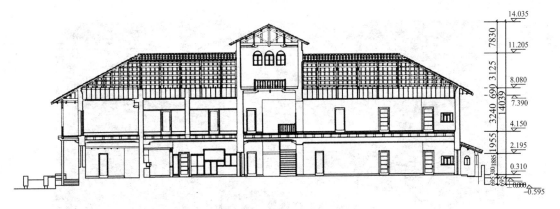

图 6-34　主楼 1-1 剖面图

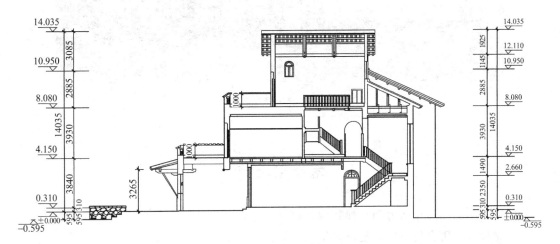

图 6-35　主楼 2-2 剖面图

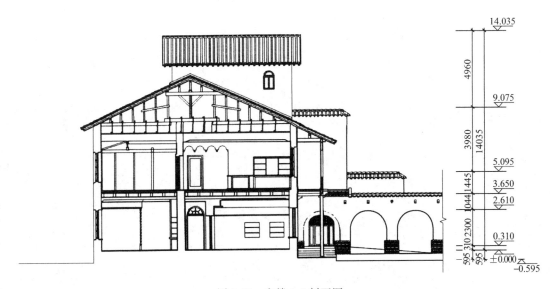

图 6-36　主楼 3-3 剖面图

图 6-37　静园修复后照片

本章思考题

1. 结合实例简述东西方历史建筑保护修复的区别。
2. 完成一个历史建筑的修复设计案例分析。

参 考 文 献

专著译著

[1] 林源著. 中国建筑遗产保护基础理论 [M]. 北京：中国建筑工业出版社，2012.

[2] 罗小末主编. 上海新天地——旧区改造的建筑历史、人文历史与开发模式的研究 [M]. 南京：东南大学出版社，2002.

[3] 常青主编. 历史建筑保护工程学——同济城乡建筑遗产学科领域研究与教育探索 [M]. 上海：同济大学出版社，2014.

[4] （芬兰）尤噶·尤基莱托著，郭旃译. 建筑保护史. 北京：中华书局，2011.

[5] 路红，冯军主编. 静园大修实录 [M]. 天津：天津大学出版社，2014.

[6] 路红，冯军主编. 庆王府大修实录 [M]. 天津：天津大学出版社，2014.

[7] 王其亨主编. 《古建筑测绘》[M]. 北京：中国建筑工业出版社，2006.

期刊论文

[1] 宋振凌. 城市历史文化资源的立法保护初探——从保护历史文化资源完整性的角度 [J]. 惠州学院学报，2013（8）.

[2] 张煜明. 档案、文献、文物、史料及其他 [J]. 档案学通讯，2004（3）.

[3] 郑欣淼. 故宫博物院 80 年 [J]. 故宫博物院院刊，2005（6）.

[4] 曹昌智. 中国历史文化名城名镇名村保护状况及对策 [J]. 中国名城，2011（3）.

[5] 王春晖，董舫. 历史建筑的保护与开发研究——以长春伪满皇宫为例 [J]. 黑龙江史志，2010（20）.

[6] 刘金宏. 博物馆陈列展览结构调整的对称性原则——兼谈广东省博物馆陈列展览新体系的构建 [J]. 中国博物馆，2004（1）.

[7] 鲍义志. 努力保护好我省非物质文化遗产 [J]. 中国土族，2006（4）.

[8] 刘彦琪. 江苏省东海县博物馆青铜甬钟的修复——兼论现代修复理念与中国青铜器传统修复的契合 [J]. 中国科技史杂志，2010（3）.

[9] 张玲，张青萍. 长三角地区古民居保护中木构件修复初探 [J]. 林业科技开发，2011，25（1）.

[10] 孙俊桥，孙超. 工业建筑遗产保护与城市文脉传承 [J]. 重庆大学学报（社会科学版），2013（3）.

[11] 王敦琴，蒋辉明. "中国近代第一城"诠释 [J]. 南通大学学报（哲学社会科学），2005（4）.

[12] 胡秀梅，宣建华. 传统思想和习俗在历史环境保护中的作用——以日本为例 [J]. 规划师，2005（3）.

[13] 张松，镇雪峰. 历史性城市景观——一条通向城市保护的新路径 [J]. 同济大学学报（社会科学版），2011（3）.

[14] 陈薇. 中西方文物建筑保护的比较与反思 [J]. 东南大学学报（自然科学版），1990（5）.

[15] 关于中国特色的文物古建筑保护维修理论与实践的共识——曲阜宣言（二00五年十月三十日·曲阜）[J]. 古建园林技术，2006（1）.

[16] 吴建雍. 历史文化名城保护与国际化大都市发展战略 [J]. 北京社会科学，2003 (1).

[17] 宋奇亮，浅谈古建筑设计中的文脉思想 [J]. 科学之友，2011 (8).

[18] 毛刚，从审美到社会批评——罗斯金批评思想探论 [J]. 兰州大学学报（社会科学版），2004.

[19] 罗桂环. 试论 20 世纪前期"中央古物保管委员会"的成立及意义 [J]. 中国科技史杂志，2006 (2).

[20] 李军. 文化遗产保护与修复：理论模式的比较研究 [J]. 文艺研究，2006 (2).

[21] 刘长春. 解读《曲阜宣言》——与《中国文物古迹保护准则》相关问题之比较研究 [J]. 古建园林技术，2012 (4).

[22] 李修松. 如何化解保护文物与发展旅游之间的矛盾 [J]. 探索与争鸣，2004 (8).

[23] 谷蓉，苏建明. 论遗产保护视角下的历史村镇传统建筑营建逻辑提取方法 [J]. 中国名城，2011 (2).

[24] 苗阳. 我国传统城市文脉构成要素的价值评判及传承方法框架的建立 [J]. 城市规划学刊，2005 (4).

[25] 代维. 绵阳市非物质文化遗产保护工作实践与思考 [J]. 重庆科技学院学报（社会科学版），2012 (14).

[26] 联合国教科文组织世界遗产委员会 [J]. 科学之友，2004 (9).

[27] 曹丽娟. 关于保护历史园林遗产的真实性 [J]. 中国园林，2004 (9).

[28] 中国文物古迹保护准则. 中国文化遗产 [J]. 2004 (3).

[29] 郭宏. 论"不改变原状原则"的本质意义——兼论文物保护科学的文理交叉性 [J]. 文物保护与考古科学，2004 (16).

[30] 乔迅翔. 何谓"原状"？——对于中国建筑遗产保护原则的探讨 [J]. 建筑师，2004 (12).

[31] 王必昆. 论文化遗产保护与民族区域自治 [J]. 红河学院学报，2011 (3).

[32] 仇保兴. 对历史文化名城名镇名村保护的思考 [J]. 中国名城，2010 (1).

[33] 李晓东. 关于名胜古迹的几个问题 [J]. 中国文物科学研究，2010 (10).

[34] 兰巍，杨昌鸣. 基于质素特征分析的近代建筑遗产保护策略 [J]. 社会科学辑刊，2013 (3).

[35] 宋言奇. 城市历史环境整合的分析方法 [J]. 规划师，2004 (20).

[36] 刘容. 场所精神：中国城市工业遗产保护的核心价值选择 [J]. 东南文化，2013 (1).

[37] 倪文岩. 建筑再循环理念及其中西差异之比较 [J]. 建筑学报，2003 (12).

[38] 赵建彬，温小英. 结合地域特色谈蔚州古城的保护与发展 [J]. 山西建筑，2005 (3).

[39] 季家艳. 历史建筑的再利用和功能转换发展概况 [J]. 技术与市场，2010 (5).

[40] 王唯山. 鼓浪屿历史风貌建筑保护规划 [J]. 城市规划，2002 (7).

[41] 韦斌，曾辉鹏. 城市历史街区中的建筑设计原则——以广州市恩宁路为例 [J]. 建筑与环境，2010 (6).

[42] 马韬凯. 城市更新背景下传统民居建筑的整旧与更新 [J]. 建筑知识，2012.

[43] 杜晓帆. 价值评估和保护理念是选择修复技术的前提 [J]. 东南文化，2012 (6).

[44] 罗小未. 上海新天地广场—旧城改造的一种模式 [J]. 时代建筑，2001 (4).

[59] 高佩钰. 基于可持续性发展理论的建筑的改造和保护 [J]. 山西建筑，2010 (5).

[45] 李婷婷. 从批判的地域主义到自反性地域主义——比较上海新天地和田子坊 [J]. 世界建筑，2010 (12).

[46] 谢栋涛，林永乐. 关于中国城市历史地段改造的探究——对上海新天地改造的一点质疑 [J].《长安大学学报：建筑与环境科学版》，2004 (21).

学位论文

[1] 张帆. 近代历史建筑保护修复技术与评价研究 [D]. 天津：天津大学，2010.

[2] 金鸣. 应用伦理学中的历史建筑保护研究 [D]. 武汉：华中科技大学，2004.

[3] 朱文龙. 西安老城历史街区的保护与更新研究——以大吉昌巷改造为例 [D]. 西安：西安建筑科技大学，2006.

[4] 朱峰. 城市近代历史遗存可持续性保护策略探索——以肇庆为例 [D]. 南京：东南大学，2006.

[5] 胡秀梅. 日本《文化财保护法》与我国相关法律法规比较研究 [D]. 浙江：浙江大学，2005.

[6] 卢白蕊. 论非物质文化遗产的法律保护 [D]. 武汉：武汉理工大学，2008.

[7] 熊晧. 北京西城区近现代现存名人故居保护研究 [D]. 北京：北京建筑工程学院，2008.

[8] 王家倩. 历史环境中的新旧建筑结合 [D]. 重庆：重庆大学，2002.

[9] 胡光宏. 黔中地区典型历史地段保护可持续发展研究 [D]. 天津：天津大学，2005.

[10] 孙亚光. 大连殖民地建筑装饰风格的再生性研究 [D]. 大连：大连理工大学，2009.

[11] 刘守柔. "中国营造学社"与中国建筑遗产保护观念的演变 [D]. 上海：复旦大学，2005.

[12] 李宏利. 城市更新中历史环境的管治研究——以太原市历史环境实证研究为例 [D]. 上海：同济大学，2006.

[13] 舒韬. 唤起城市记忆与复苏的建筑——与历史、现实和未来共存的更新策略研究 [D]. 重庆：重庆大学，2004.

[14] 陈侠. 传承与发展——当前社会经济背景下上海历史建筑保护与改造的策略研究 [D]. 上海：同济大学，2007.

[15] 曹永康. 我国文物古建筑保护的理论分析与实践控制研究 [D]. 浙江：浙江大学，2008.

[16] 王红军. 美国建筑遗产保护历程研究——对四个主题事件及其相关性的剖析 [D]. 上海：同济大学，2006.

[17] 陈敏强. 文化遗产保护与旧城改造关系的研究 [D]. 武汉：华中农业大学，2004.

[18] 舒畅雪. 沪港台历史建筑保护法规比较研究——建筑遗产的身份认定与控制原则 [D]. 上海：同济大学，2009.

[19] 金鸣. 应用伦理学中的历史建筑保护研究 [D]. 武汉：华中科技大学，2004.

[20] 曹永康. 我国文物古建筑保护的理论分析与实践控制研究 [D]. 浙江：浙江大学，2008.

[21] 林林. 关于文化遗产保护的真实性研究 [D]. 上海：同济大学，2003.

[22] 颜骅. 试论历史建筑改造中的特色保护和设计创新 [D]. 上海：同济大学，2003.

[23] 陈侠. 传承与发展——当前社会经济背景下上海历史建筑保护与改造的策略研究 [D]. 上海：同济大学，2007.

[24] 李连瑞. 一般性历史建筑的改造模式研究 [D]. 青岛：青岛理工大学，2010.

[25] 马超. 旧建筑内部空间改造再利用研究 [D]. 天津：天津大学，2003.

[26] 郑利军. 历史街区的动态保护研究 [D]. 天津：天津大学，2004.

[27] 马庆峰. 基于城市空间环境塑造的老建筑再生设计研究 [D]. 合肥：合肥工业大学，2007.

[28] 张啸马. 城市复兴中建筑遗产的再利用策略——以近代遗产为例 [D]. 南京：东南大学，2004.

[29] 刘芳. 历史地段及其旧有建筑的商业化改造 [D]. 天津：天津大学，2003.

[30] 李颖. 新旧建筑的共存——公共空间新旧关系研究 [D]. 武汉：华中科技大学，2003.

[31] 朱明政. 古建筑改造和保护——中欧古建筑改造保护方法比较研究与案例分析 [D]. 天津：天津美术学院，2008.